水利水电工程建设与管理探索

王　磊　史俊宝　周　敏　◎主编

中国商业出版社

图书在版编目（CIP）数据

水利水电工程建设与管理探索 / 王磊，史俊宝，周敏主编. -- 北京 : 中国商业出版社，2024. 6. -- ISBN 978-7-5208-2971-7

Ⅰ. TV5

中国国家版本馆CIP数据核字第2024RB6064号

责任编辑：袁 娜

中国商业出版社出版发行

（www.zgsycb.com　100053　北京广安门内报国寺1号）

总编室：010-63180647　编辑室：010-83128926

发行部：010-83120835/8286

新华书店经销

廊坊市旭日源印务有限公司印刷

*

787 毫米×1092 毫米　16 开　9.25 印张　139 千字

2024 年 6 月第 1 版　2024 年 6 月第 1 次印刷

定价：55.00 元

* * * *

（如有印装质量问题可更换）

编委会

主　编

王　磊　石家庄市滹沱河生态工程运维服务中心

史俊宝　廊坊市广阳区水务中心

周　敏　济宁市水利事业发展中心

副主编

姚　旺　山西省三门峡库区管理中心

杜　亮　江苏省宿迁市泗洪县青阳水利站

前　言

水利水电工程作为国家基础设施的重要组成部分，对于保障国民经济的持续健康发展和人民生活水平的提高具有举足轻重的作用。社会经济的快速发展，对水资源的合理开发与利用提出了更高的要求。水利水电工程建设不仅涉及水资源的合理分配和利用，还涉及生态环境保护、防洪减灾、发电等多个方面。近年来，随着科技的进步和新材料、新技术的应用，水利水电工程建设与管理领域也取得了显著的进步。然而，面对日益复杂的工程建设环境和不断变化的管理需求，如何有效地提高水利水电工程的建设质量和管理水平，已成为行业亟须解决的问题。为此，本书旨在深入探讨水利水电工程建设与管理的理论与实践，以期为相关领域的研究和实践提供参考和借鉴。

本书全面系统地介绍了水利水电工程建设与管理的各个方面。首先，对水利水电工程进行了概述，包括水利事业、水利水电规划、工程地质以及我国水利水电工程建设的发展。其次，深入探讨了水利水电工程项目管理模式，提出了适应当前水利水电工程建设需求的管理模式。最后，本书还涉及了招投标管理、合同管理、施工管理、质量管理及控制等多个层面，旨在为水利水电工程建设提供全面的管理策略和方法。

本书的特点在于它不仅注重理论的阐述，更强调理论与实践的结合。通过实证研究，展示了水利水电工程建设与管理的操作过程，使读者能够更加直观地理解水利水电工程建设与管理的复杂性和挑战性。本书目的是帮助水利水电工程建设与管理领域的从业者、研究人员以及相关政策制定者，系统地了解和掌握水利水电工程建设与管理的相关知识，以此提高水利水电工程的建设质量和管理效率。

目　录

第一章 水利水电工程概述

第一节 水利事业

各部门充分利用、研究自然界的水资源，对河流进行控制和改造，采取工程措施合理使用和调配水资源，以达到兴利除害目的的事业统称为水利事业。水利水电工程则是以水力发电为主的水利事业。

水利事业的根本任务是除水害和兴水利。除水害主要是防止洪水泛滥和旱涝成灾；兴水利则是从多方面利用水资源为人类服务。主要措施包括：兴建水库、加固堤防、整治河道、增设防洪道、利用洼地湖泊蓄洪、修建提水泵站及配套的输水渠道和隧洞。

水利事业的效益主要有防洪、农田水利、水力发电、工业及生活供水、排水、航运、水产、旅游等。

一、防洪

洪水造成的危害，轻者会毁坏良田，重者则造成工业停产、农业绝收，甚至使人民生命财产受到威胁。水害发生往往是大面积的。由于目前的水文预报还远未尽如人意，因此，防洪往往是水利事业的头等大事。

防洪是指根据洪水规律与洪灾特点，研究并采取各种对策和措施，以防止或减轻洪水灾害，保障社会经济发展的水利工作。其基本工作内容有防洪规划、防洪建设、防洪工程的管理和运用、防汛（防凌）洪水调度和安排、灾后恢复重建等，防洪措施包括工程措施和非工程措施，防洪也是水利科学的一项重要专业学科。防止洪灾的措施主要有以下几项。

（一）增加植被，加强水土保持

在植被情况好的地方，树木、草丛可以截留和拦蓄部分雨水，减缓坡面上的水流速度，延缓洪水形成过程，从而减少洪峰流量。良好的植被不仅能够保护地表土壤免受水流冲刷、减少坡面水土流失和河道泥沙，还能够增加土壤中的含水量，改善空气中的湿润程度。

（二）提高河槽行洪能力

由于降水量等因素的影响，河道内洪水流量有大有小，河水位有涨有落。在相对宽阔的河道中，往往会形成一些滩地。在常年多数情况下，这些河滩地无水，只有在洪水期才漫滩地行洪，河滩处水面陡然变宽。河水一旦漫滩，河道的过流能力迅速加大，有利于洪水通过。河滩地是行洪的重要通道，是防洪的安全储备，不应随意侵占。

（三）提高蓄洪、滞洪能力

滞洪和蓄洪是利用水库、湖泊、洼地等完成的。特别是修建水库，是当前提高防洪能力的重要设施。水库的巨大库容，能够蓄积和滞留大量的洪水，削减下泄洪峰流量，从而减轻和消除下游河道可能发生的洪灾。

天然湖泊的广大水域在洪水过程中，能够大量地减滞、囤积洪水，降低洪水位。因此，在修建大型水库的同时，也要重视天然水域的蓄洪、滞洪作用。前些年，洞庭湖面积锐减，使之滞洪能力降低，是此地区洪水灾害频发的重要原因之一。长江流域发生全流域特大洪水后，中央做出洞庭湖和鄱阳湖实行退田还湖政策，使这些湖泊在滞洪、蓄洪方面发挥重要作用。

在河道泄洪能力不足的上游某处设置分洪区，修筑分洪闸，将超过下游河段安全泄量的部分洪水引入分洪区，以保证下游河段的安全。分洪区是滞洪非常措施。选择适当的时候向分洪区分洪，能在抗洪的关键时刻舍弃局部利益，保全大局。

二、农田水利

在全国的总用水量中，80%以上的用水量是农业用水。良好的排灌水利设施是保证农业丰收的主要措施。修建水库、堰塘、渠道、泵站等水利设施可以提高农业的生产保障，是水利事业中的重要内容。

农田水利在国外一般称为灌溉和排水。农田水利涉及水力学、土木工程学、农学、土壤学以及水文、气象、水文地质及农业经济等学科。其任务是通过工程技术措施对农业水资源进行拦蓄、调控、分配和使用，并结合农业技术措施进行改土培肥，扩大土地利用，以达到农业高产稳产的目的。农田水利与农业发展有密切的关系，农业生产的成败在很大程度上取决于农田水利事业的兴衰。

三、水力发电

水能资源由太阳能转变而来，是以位能、压能、动能等形式存在于水体中的能量资源，亦称水力资源。广义的水能资源包括河流落差水能、海洋潮汐水能、波浪水能、海洋潮流水能、盐差能和深海温差能源。狭义的水能资源主要指河流水能资源。水在自然界周而复始地循环，从这种意义上而言，水能资源是一种取之不尽，用之不竭的能源。同时，水能是一种清洁能源。水能相对于石油、煤炭等不可再生、易产生污染的化石能源，具有不可比拟的优势。

水力发电就是利用蓄藏在江河、湖泊、海洋的水能发电。现代技术主要是利用大坝拦蓄水流，形成水库，抬高水位，依靠落差产生的位能发电。水力发电不消耗水量，没有污染，清洁，运行成本低，是优先考虑发展的能源。

四、给水和排水

工业和民用供水要求供水质量好，供水保证率高。修建水库等储水供水设施可提高供水保证率和供水质量。

生活和工业污水排放是城市市政建设和工业设施的一部分。当前，污水排放是江河污染的源头，采用一定的污水处理措施是必要的。①

五、航运及水产养殖

航运是指透过水路运输和空中运输等方式来运送人或货物。一般来说，水路运输的所需时间较长，但成本较为低廉，这是空中运输与陆路运输所不能比拟的。水路运输每次航程能运送大量货物，而空运和陆运每次的负载数量则相对较少。因此，在国际贸易上，水路运输是较为普遍的运送方式。15世纪以来，航运业的蓬勃发展极大地改变了人类社会与自然景观。一方面，水利水电工程修建了拦河大坝等建筑物后，阻隔了江河水流的天然通道，阻

①程令章，唐成方，杨林.水利水电工程规划及质量控制研究[M].北京：文化发展出版社，2022.

挡了船只的航行，需要在水利水电枢纽工程中修建船闸、升船机等通航建筑物，帮助船只克服上游水位抬升造成的落差，恢复全河段的河道通航问题。另一方面，某些河段在天然情况下，或是落差大、水流急，或是河滩多、水深浅。在这些河流中，有些只能作季节性通航，有些却根本无法通航，高坝大库可以彻底解决深山峡谷的船只通航问题。在平原地区，则用滚水坝、水闸等壅水建筑物来抬高河道水深，改善河道航运条件，延伸通航里程。这时，同样需要用通航建筑物使船只逐级通过这些建筑物。

修建水利工程为库区养鱼提供了广阔的水域条件。同时，水工建筑物阻碍了自然洄游鱼类的生存环境，需要用一定措施来帮助鱼类生存，如水利水电工程中鱼道、鱼闸等。

六、旅游及其他

大型水库宽阔的水域将库内一些山体包围成岛屿，形成有山有水的美丽风景，是旅游的理想去处，甚至其工程自身也能成为旅游热点。库区旅游已经成为旅游热点，例如浙江省新安江水库的千岛湖、湖北省长江三峡水利枢纽工程、湖南省东江水电站。

大型水利水电枢纽的建设往往可以推动当地经济的发展，成为当地经济的支柱产业。湖北省丹江口水电站的建成，使丹江口由一个村级小镇逐渐发展成为10余万人口的新型城市。湖北省宜昌市充分利用葛洲坝工程和三峡工程建设作为发展契机，使城市的经济建设获得两次较大发展。

第二节 水利水电规划

一、水电站在电网中的作用

在一个较大供电区域内，用高压输电线路将各种不同类别的发电站（火电站、水电站、核电站、风力电站、潮汐电站等）连接在一起，统一向用户供电所构成的系统，统称为电力系统，也称电网。在电力系统中，用户在某一时刻所需电力功率称为负荷。负荷在一天中是不断变化的。在电力系统中，水电站、火电站、核电站、风力电站、潮汐电站等多种类型的发电站共同向电网供电。各种不同类型的发电站有其自身的特性，其在电力系统中的作用也各不相同。

与其他电站相比，水电站有以下几个工作特性：第一，发电能力和发电量随天然径流情况变化。河道天然来水的季节性变化和年际变化直接影响电站的发电力。在枯水年，水电站可能因来水不足难以产生效益。第二，发电机组开停灵活、迅速。水电站机组从停机状态到满负荷运行仅需要1~2分钟，能够适应电力系统中负荷的迅速变化和周期性波动。第三，建设周期长，运行费用低廉。水电站需要修筑挡水建筑物和泄水建筑物，以提供安全稳定的水能资源。整个工程的前期资金投入大，建设周期长。水电站建成以后，所需要的水能是一种廉价的、清洁的、不断循环的能源。通过水电站发电后的水体流入下游，不消耗水量。与火电站相比，不需要燃料，也不会产生废料。水电站的运行成本大大低于火电站和核电站。

水电站这些特性决定了它在电力系统中的作用。具有较大库容的水库调节天然径流的能力强，能够将多余的水储存在水库中，供负荷增加或来水减少时使用，这种水电站在电网担任日负荷的峰荷，称为调峰电站。没有调节能力或调节能力差的水电站则担任电力系统中的基荷或腰荷。夏季，河道天然来水充足，电力系统应该充分利用廉价的水能资源发电，以避免因发电量不足而发生弃水，浪费水能资源。此时，水电站也承担部分腰荷和基荷。

水电站还可以利用其调节迅捷、方便的特点，调节电网频率，提高电力质量，这种电站称为调频电站。例如，湖北省清江隔河岩水电站就承担着华中电网的调峰、调频任务。

二、水能利用和开发方式

水力发电是利用河流的水能发电，水电站的功能就是将这些水的机械能转变为电能。

河川径流从地势高的地方流向低处，水流流动有流速，即具有一定的动能。在自然条件下，河段间的水能消耗于水流与河道边壁的摩擦中，这个摩擦阻力将大部分水能转化为热能。河道断面不变的情况下，河道流速不变。摩擦阻力沿程消耗水的势能，在河段两断面之间产生落差。要利用这些水能资源发电，需要将天然河流中分散状态下消耗的水能集中起来加以利用。水电站筑坝建库后，水流流速接近于零，积蓄的水能集中为坝前落差。①

水能开发方式按调节流量的方式，可分为蓄水式和径流式。蓄水式水电站用较高的拦河坝形成水库，在短距离内抬高水头，集中落差发电。蓄水式水电站适用于山区水流落差大，能够形成较大水库的情况，如长江三峡水电站、雅砻江二滩水电站、汉江丹江口水电站、清江水布垭水电站等。径流式水电站没有水库，或水库库容相对很小，落差较小，主要利用天然径流发电。径流式水电站适用于河道较平缓、河道流量较大的情况，如长江葛洲坝水电站、汉江王甫洲水电站、珠江北江飞来峡水电站等。

水能开发方式按集中落差的方式，大致可分为坝式水电站、引水式水电站和混合式水电站三种。坝式水电站是在河道上修筑大坝，截断水流，抬高水位，在靠大坝的下游建造水电站厂房，甚至用厂房直接挡水。引水式水电站一般仅修筑很低的坝，通过取水口将水引取到较远的、能够集中落差的地方修建水电站厂房。引水式水电站对上游造成的影响小，造价相对较低，为许多中小型水电站采用。混合式水电站修建有较高的拦河大坝，用水库调节水量；水电站厂房修建在坝址下游有一定距离的某处合适地方，用输水隧洞或输水管道将发电用水从水库引到水电站厂房发电。混合式水电站多用于土石坝枢纽以及建于山区性狭窄河谷的枢纽，比较典型的布置方式是拦河坝修建在岩基坚硬，河谷狭窄的地方，厂房修建在河谷出口的开阔地带。这样既能节省工程量，又便于布置，还能利用坝址至厂房间的河道落差。湖北省的古洞口水电站、峡口水电站，湖南省的贺龙水电站均采用这种形式。

三、水库的特征水位及其库容

在河道上修筑建筑物（拦河坝、水闸），拦截水流，抬高水位而形成的水体称为水库。在水利水电工程中，水库是径流调节的主要设施。它吞吐水量，并根据发电量的大小调节下泄流量。水库的规模应根据整个河流规划情况，综合考虑政治、经济、技术等因素确定。根据工程运行情况，水库具有许多水位特征。

①刘光彪.适应电网调峰需求的多电源优化运行方式研究[D].武汉：华中科技大学，2022.

（一）正常蓄水位

正常蓄水位指设计枯水年（或枯水期）开始供水时应蓄到的水位，又称正常高水位或设计兴利水位。

正常蓄水位是水库设计中非常重要的参数，它关系到枢纽规模、投资成本、工程效益、库区淹没、生态环境、经济发展等重大问题，应该进行综合评价后确定。

正常蓄水位是水库在正常运用时，允许长期维持的最高水位。在没有设置闸门的水库，泄水建筑物的正常蓄水位等于溢流堰顶。在梯级开发的河流上，正常蓄水位要考虑与上一级水电站的尾水位相衔接，最大限度地利用水能资源。

（二）死水位与死库容

死水位是允许库水位消落的最低水位。死水位以下的库容称为死库容，为设计所不利用。死水位以上的静库容称为有效库容。

死水位的选定与各兴利部门的利益密切相关。灌溉和给水部门一般要求死水位相对低些，可获得更多的水量。发电部门常常要求有较高的死水位，以获得较多的年发电量。有航运要求的水库，要考虑死水位时库首回水区域能够保持足够的航运水深。在多泥沙河流上，还要考虑泥沙淤积的影响。

（三）兴利库容

兴利库容是正常蓄水位与死水位之间的库容，又称为调节库容，用于调节径流，提供水库的供水量。正常蓄水位与死水位之间的水库水位差称为水库消落深度。

（四）防洪限制水位

防洪限制水位是指水库在汛期允许兴利蓄水的上限水位，也称汛期限制水位。

在汛期，将水库运行水位限制在正常蓄水位以下，可以预留一部分库容，增大水库的调蓄功能；待汛期结束时，再将库水位升蓄到正常蓄水位。水库可以根据洪水特性和防洪要求，在汛期的不同时期规定出不同的防洪限制水位，以更有效地发挥水库效益。防洪限制水位至正常蓄水位之间的库容称为重叠库容。

（五）防洪高水位和防洪库容

当水库的下游河道有防洪要求时，对于下游防护对象根据其重要性采用相应的防洪标准，从防洪限制水位开始，经过水库调节防洪标准洪水后，在坝前达到的最高水位，称为防洪高水位。防洪高水位与防洪限制水位之间的库容称为防洪库容。防洪库容与兴利库容之间的位置有以下三种形式。

1. 不结合

防洪限制水位等于正常蓄水位，重叠库容为零。水库需要在正常蓄水位以上另外增加库容用于防洪，大坝的坝体相对较高。不结合方式的水库运行管理简单，但是不够经济，中小型工程的水库常常采用这种结合形式。不结合方式的溢洪道一般不设闸门控制泄流量。

2. 完全结合

防洪高水位等于正常蓄水位，重叠库容等于防洪库容。这种形式的防洪库容完全包容在兴利库容之中，不需要加高大坝用于防洪经济。对于汛期洪水变化规律稳定，或具有良好的水情预报系统的水库可以采用这种形式。

3. 部分结合

部分结合是一般水库采用的形式，结合部分越多越经济。

（六）设计洪水位和拦洪库容

当水库遭遇到超过防洪标准的洪水时，水库的首要任务是保证大坝安全，避免发生毁灭性的灾害。这时，所有泄水建筑物不加限制地敞开下泄入库洪水。保证拦河坝安全的设计标准洪水称为设计洪水，大坝的设计洪水远大于防洪标准洪水。例如，长江三峡工程，大坝的设计洪水为千年一遇，而其下游防洪标准在大坝建成以后也才到百年一遇。从防洪限制水位开始，设计洪水经过水库的拦蓄调节以后，在水库坝前达到的最高水位称为设计洪水位。在设计洪水位下，拦河大坝仍然有足够的安全性。

设计洪水位与防洪限制水位之间的库容称为拦洪库容。

（七）校核洪水位和总库容

水库遇到大坝的校核洪水时,在坝前达到的最高水位，称校核洪水位。它是水库在非常运用情况下，允许临时达到的最高洪水位，是确定大坝顶高及进行大坝安全校核的主要依据。此水位可采用相应大坝校核标准的各种典型洪水，按拟定的调洪方式，自防洪限制水位开始进行调洪计算求得。校核洪水位至防洪限制水位之间的水库容积称为调洪库容。它用以拦蓄洪水，在满足水库下游防洪要求的前提下保证大坝安全。

（八）水库的动库容

静库容是假定库内水面为水平时的库容。当水库泄洪时，由于洪水流动，水库上游部分水面受到水面坡降的影响向上抬高，直至某一断面与上游河道水面相切。水库因水流流动而导致水面上抬部分形成的库容称为附加库容。在库前同一水位下，水库的附加库容不是固定值。洪水流量越大，附加库容越大。附加库容与静库容合称为动库容。在洪水调节计算时，一般采用静库容即可满足精确度要求。在考虑上游淹没和梯级衔接时，则需要按动库容考虑。

第三节 工程地质

一、岩石的形成

（一）岩浆岩

岩浆岩又称火成岩，是岩浆侵入地壳上部或喷出地表凝固而形成的岩石。岩浆位于地壳深部和上地幔中，是以硅酸盐为主和一部分金属硫化物、氧化物、水蒸气及其挥发性物质组成的高温、高压熔融体，具有流动性。岩浆流动是地球物质运动的一种重要形式。当地壳运动出现大断裂或者岩浆的膨胀力超过了上部岩层压力时，岩浆沿断裂带或地壳薄弱地带侵入上部岩层，称为侵入运动。当岩浆喷出地表时，称为喷出作用。主要的岩浆岩有花岗岩、花岗斑岩、流纹岩、正长岩、闪长岩、安山岩、辉长岩、辉绿岩、玄武岩、火山灰岩等。

岩浆岩可分为深成岩、浅成岩和喷出岩。由于岩石生成条件、结构、构造和矿物成分不同，其工程地质性质也不一样。

在地壳深部发生侵入作用形成的岩石称为深成岩。深成岩往往形成巨大侵入体，岩性一般较均匀，以中、粗粒结构为主，致密坚硬，孔隙很小，力学强度高，透水性弱，抗水性强。所以深成岩工程地质性质较好，常被选为良好的建筑物场地。但是，深成岩与其他岩石相比较易于风化，风化层厚度也大，作为地基或隧洞围岩时必须加以处理。

在地壳浅层处形成的岩石称为浅成岩。浅成岩矿物成分与深成岩相似，但产状、结构和构造却大不相同。浅成岩的产状多以岩床、岩脉、岩盘等形态存在，有时相互穿插，岩性不一。颗粒细小的岩石，强度高，不易风化；呈斑状结构的岩石，由于颗粒大小不均，较易风化，强度低。此外，这些小侵入体与其围岩接触的边缘部位，不但有明显流纹、流层构造，而且本身岩石性质复杂，加之地质构造因素作用，岩石破碎，节理裂隙发育。因此，风化程度严重，透水性增大，作为大型水利水电工程地基时，需进行详细的勘探和试验工作，论证工程地质性质特征。

由喷出作用形成的岩石称为喷出岩，如玄武岩、安山岩、流纹岩及火山碎屑岩等。喷出岩的结构构造多种多样，一般而言，喷出岩的原生孔隙和节理发育，产状不规则，厚度变化较大，岩性很不均衡。因此，其强度低，透水性高，抗风化能力差。但是，对于那些孔隙、节理不发育，颗粒细、致密玻璃质的喷出岩，如安山岩和流纹岩石等强度很高、抗风化能力强的岩石，仍是良好的建筑物地基和建筑材料。特别应注意的是，喷出岩多覆盖在其他岩层之上。尤其是新生代的玄武岩，常覆盖于松散沉积物和软弱岩层之上。在工程建设中，不仅要重视喷出岩的性质，而且要研究了解下伏岩层和接触带的岩石特征。

（二）沉积岩

在常温常压环境下，原先位于地表或接近地表的各种岩石受到外力（风、雨、冰、太阳、水流、波浪等）的作用，逐渐风化、剥蚀成大小不一的松散物质。大多数破碎物质在流水、风和重力的作用下搬运到河口、湖海等处。在搬运过程中，松散物进一步磨蚀变圆变小。随着搬运力减弱，被风、水所挟带的物质逐渐沉积下来。沉积物具有明显的分选性，在同一地区沉积大小相近的颗粒。沉积物逐渐加厚，下部物质被上覆物质压密，脱水后结成较坚硬的岩石。这种风化、搬运、沉积和硬结而形成的岩石称为沉积岩。沉积岩广泛分布于地表，覆盖面占陆地表面积的70%。主要的沉积岩有砾岩、角砾岩、砂岩、泥岩、页岩、石灰岩、白云岩、泥灰岩等。

沉积岩的工程地质特征与矿物成分胶结成岩作用，并与层理和层面构造有关。尤为突出的是层理和层面构造影响较大。使岩石普遍发育有原生结构面，由于沉积物来源和沉积环境不同，岩性软弱相间，使沉积岩在垂直方向上和水平方向上，不但物质成分发生变化，而且具有明显的各向异性特征。

沉积岩分为碎屑岩、黏土岩、化学岩及生物化学岩四种类型。

碎屑岩是指由砾岩、砂岩等组成的岩类。其性质除了组成岩石的矿物影响外，最主要还取决于胶结物质和胶结形式。硅质胶结的岩石，强度高，抗水性强，抗风化能力高。而钙质、石膏质和泥质胶结的岩石则相反，在水的作用下可被溶解或软化，致使岩石性质更坏。岩石为基底胶结，性质坚硬，抗水性较强，透水性弱，而接触胶结的岩石则相反。在碎屑岩中，一般粉砂质岩石比沙砾质岩石性质差，特别是钙质、泥质或石膏质结构的粉砂质岩石更为突出。如在我国南方各省出露的红色岩层，即属粉砂质岩类，岩石强度低，易风化，如夹有黏土岩层时，常被泥化形成泥化夹层，导致岩体稳定性降低。

黏土岩主要由黏土矿物组成，包括页岩和泥岩等，常与碎屑岩或石灰岩互层产出，有时成连续的厚层状。黏土岩性质软弱，强度低，易产生压缩变形，抗风化能力较低。尤其是含有高岭石、蒙脱石等矿物的黏土岩，遇水后具有膨胀、崩解等特性。所以，在水利水电工程中，不适宜作为大型建筑物的地基。作为边坡岩体，也易于发生滑动破坏。这类岩石的优点是隔水性好，在岩溶地区修建水工建筑物时，可考虑利用它作为隔水岩层（不透水层）。

在化学岩及生物化学岩中，最常见的是由碳酸盐组成的岩石，以石灰岩和白云岩分布最为广泛。多数岩石结构致密，性质坚硬，强度较高。但主要特征是具有可溶性，在水流的作用下形成溶融裂隙、溶洞、地下暗河等岩溶现象。因此，在这类岩石地区筑坝，岩溶渗漏及塌陷是主要的工程地质问题。

（三）变质岩

当地壳运动或岩浆运动等造成物理化学环境发生改变时，原已存在的岩浆岩，沉积岩和变质岩受到高温、高压和其他化学因素作用，岩石的成分、结构和构造发生一系列变化，这样生成的新岩石称为变质岩。

主要的变质岩有片麻岩、片岩、板岩、千枚岩、石英岩、大理岩等。变质岩的工程地质性质与变质作用及原岩的性质有关。大多数变质岩经过重结晶作用，有颗粒联结紧密，强度高，孔隙小，抗水性强，透水性弱的特点。例如，页岩经变质形成板岩，强度相应增大。多数变质岩片理、片麻理发育，沿片理方向强度低，垂直方向强度高，呈各向异性特征，且由于某些矿物成分（如黑云母、绿泥石、斜长石等）影响，变质岩稳定性差，容易风化。由碳酸盐岩变质形成的大理岩，易溶于水，产生岩溶现象。变质岩一般年代较老，经受地质构造变动较多，因而破坏了岩石完整性、均一性。

变质岩可分为接触变质岩、动力变质岩和区域变质岩。

接触变质岩是岩浆侵入上部岩层时高温导致周围岩石变质产生的，与原岩比较，接触变质岩的矿物成分、结构和构造发生改变，使岩石强度比原岩高。但因侵入体的挤压，接触带附近容易发生断裂破坏，使岩石透水性增强，抗风化能力降低，所以对接触变质岩应着重研究其接触带的构造破坏问题。

动力变质岩是由构造变动形成的岩石，包括碎裂岩、压碎岩、糜棱岩、断层泥等。动力变质岩的性质取决于破碎物质成分、颗粒大小和压密胶结程度。若胶结不良，裂隙发育的岩石透水性强，强度也低，在岩体中形成构造结构面或者软弱夹层。

区域变质岩是大规模区域性地壳变动促使岩石变质产生的，区域变质岩分布范围广，厚度大，变质程度均一。

片麻岩随着黑云母含量增多和片麻理明显发育，其强度和抗风化能力显著降低。片岩包括很多类型，其中石英片岩性质较好，强度较大，抗风化能力强。而云母片岩、绿泥石片岩等，片状矿物较多，岩性较软弱，片理特别发育，力学强度低。尤其沿片理方向易产生滑动，一般不利于坝基和边坡岩体稳定。

板岩和千枚岩是浅变质的岩石，岩质软弱性脆，易于裂开成薄板状。在水浸的条件下，板岩和千枚岩中的绢云母和绿泥石等矿物，很容易重新分解为黏土矿物，且易发生泥化现象。

石英岩性质均一，致密坚硬，强度极高，抗水性能好，且不易风化，但性脆，受地质构造变动破坏后，裂隙断层发育，有时还夹有软弱泥化板岩，使岩石性质变坏。例如，江西上犹江坝址，石英岩和石英砂岩中夹有泥化板岩，抗滑稳定性差。筑坝时，只有采取处理措施，才能保证大坝的安全。

大理岩强度高，但具有微弱可溶性，岩溶发育程度、规模大小以及对建筑物的影响等特点，是主要工程地质问题。

二、地质构造和地质现象

（一）层面和节理

沉积岩在形成过程中，由于沉积环境的改变，引起沉积物质的成分、颗粒大小、形状或颜色沿垂直方向发生变化而显示出成层现象。连续不断地沉积形成的单元岩层称为层。相邻两个层之间的界面称作层面。层面在地壳运动中能够发生倾斜、褶皱甚至翻转等变化。层面与水平面相交线的方向称为走向，其交线称为走向线。垂直于走向线，沿层面最大倾斜线的水平方向称为倾向。岩层面与水平面所夹的锐角称为倾角。通常用走向、倾向和倾角来测定岩层的空间位置，它们被称为岩层的产状要素。①

节理一般又称为裂隙，普遍存在于岩体和岩层中，以构造应力作用形成的构造节理为多见。构造节理具有明显的方向和规律性，节理面也具有倾向、倾角。

层面和节理面是受力的薄弱面，在工程设计中，要充分地考虑这一因素。

（二）风化

长期暴露于地表的岩石在日晒、风吹、雨淋、生物等作用下，岩石结构逐渐崩解、破碎、疏松，甚至矿物成分发生变化，这种现象称为风化。岩石风化分为物理风化、化学风化和生物风化三种类型，岩石的抗风化能力因其矿物的成分及结构而有差异。岩石风化后，结构和构造被破坏，物理力学指标降低，孔隙率提高。严重风化的岩层不能满足工程建设的要求，需要挖除。

（三）岩溶

在可溶性岩石地区，地下水和地表水对可溶岩进行化学溶蚀、机械溶蚀、迁移、堆积作用，形成各种具有独特形态的地质现象，称为岩溶，岩溶现象可发生于地表或地下。常见的岩溶形态有石林、溶洞、落水洞等。岩溶

①张宏卫.水利工程中的工程地质问题探析[J].建材发展导向，2023，21（12）：68-71.

地貌又称为“喀斯特”地貌。岩溶现象对水利水电工程的危害是非常严重的，它可能导致库区渗漏，降低岩体强度和稳定性。因此，在岩溶地区修建水电站时，要选择合适的坝址。特别是对岩溶造成的库区渗漏，在建造以前要有充分的了解，并采取相应的预防措施。

（四）地震

地震又称地动、地振动，是地壳构造运动引起地壳瞬时震动的一种地质现象。当地壳内部某处的地应力逐渐累积超过岩层的强度时，累积能量急剧释放，引起岩层破裂、断层错动和周围物质发生震动，强烈地震能够对地面建筑物造成巨大破坏。

地应力释放点称为震源，震源到地表的垂直距离称为震源深度，震源垂直向上在地面的投影位置称为震中。建筑物在地面上到震中的距离称为震中距，震中距越大，建筑物受到的影响越小。

一次地震中释放出来的能量大小称为震级，地震释放的能量越大，震级越高。地球表面的建筑物受到地震的影响程度除了与震级大小有关外，还与震中距、震源深度有关。震中距越小，地表建筑物受地震的影响越大，震源深度越浅，地表建筑物受地震的影响越大。地震烈度是地震时地面及建筑物受到影响和破坏的程度，与震级、震中距、震源深度、地震波通过的介质条件等多种因素有关。一次地震只有一个震级，而震中周围的地震烈度随着震中距加大形成不同的地震烈度区。一个地区一定时期内，在一般场地条件下可能普遍遭遇到的最大地震烈度称为地震基本烈度。某一地区地震的基本烈度由国家地震局根据实地调查、历史记录，仪器记录并结合地质构造情况综合分析研究确定。在工程设计时，针对建筑物的重要性予以调整后所采用的抗震设计的地震烈度称为设计烈度。一般建筑物以基本烈度作为设计烈度，非常重要的永久性建筑物可根据需要，将设计烈度提高1～2度，临时建筑物和次要建筑物则可适当降低1～2度。

发生地震时，震动以波动的形式从震源处向各个方向传播。传到建筑物处的地面波分为水平波和垂直波。受地震波的影响，建筑物承受到地面传递的地震加速度。

（五）断层

断层是地壳在构造应力作用下，岩层发生位移形成的地质构造。断层在地壳中广泛分布，形态各异，大小不一。小断层在岩石标本上就可以看到，大断层可延伸数百千米。岩层发生位移的错动面称为断层面，断层面与地面的交线称为断层线，较大的断层错动常形成一个带，包括断层破碎带与影响带。破碎带是指断层错动而破裂和搓碎的岩石碎块、碎屑部分；影响带是指受断层影响、节理发育或岩层产生牵引弯曲部分。

断层按其形态分为正断层、逆断层和平移断层。断层面两侧相对位移的岩块称为岩盘。正断层的基本特征是上盘相对下移，下盘相对上移。逆断层则向反方向相对移动。平移断层的两岩盘相对水平移动。

断层破坏了岩体的完整性，降低了岩石的强度，增加了岩体的透水性。断层使坝基容易沿断裂结构面产生滑动。选择坝址的隧洞洞线时，原则上要避开大断层破碎带。对较小的断层，要探明走向和层面，采取适当的工程措施加以处理。

（六）地下水

地下水是埋藏在地表以下的各种状态的水，是地球上水体的重要组成部分。地下水以多种形式存在于地下，是河川径流的重要补给源之一。地下水与地表水相互转换，相互补充。

按地下水的埋藏条件，地下水分为包气带水、潜水和承压水。包气带水是土壤中的局部隔水层阻托滞留聚集而成，是具有自由水面的重力水。潜水是饱和土壤的最上层具有表面的含水层中的水，潜水的水面形成地下水位面。在重力作用下，潜水在土壤中由高处向低处流动，称为渗流。流动的潜水面具有倾斜的坡度，称为渗流水力坡降。承压水是充满于上下两个稳定隔水层之间的含水层中的重力水。承压水没有自由水面，类似于有压管道的水流。

水利水电工程修成蓄水后，改变了地表水的分布，促使地下水径流条件发生变化，会抬高库区周边相当范围内的地下水位，使附近的地区浸没，农田盐渍化或沼泽化。

第四节 我国水利水电工程建设的发展

一、整治大江大河，提高防洪能力

在大江大河中，长江是我国第一黄金水道。新中国成立以来，整治加固荆江大堤等中下游江堤3750千米，修建荆江分洪区等分洪、蓄洪工程，下荆江段河道裁弯工程，在长江上中游的支流上修建了安康、黄龙滩、丹江口、王甫洲、东风、乌江渡、龚嘴、铜街子、五强溪、凤滩、东江、江垭、安康、古洞口、隔河岩、高坝洲、水布坪、二滩等大中型工程，干流上有葛洲坝、三峡工程。已经建成的三峡工程，在治理长江方面起到了不可替代的作用。

黄河是中国的母亲河。但黄河水患更甚于长江。自公元前602年至1938年，黄河下游决口年份有543年，并多次改道。新中国成立以来，整治堤防2127千米，修建东平湖分洪工程和北金堤分（滞）洪工程，在干流上修建了龙羊峡、李家峡、刘家峡、青铜峡、盐锅峡、八盘峡、万家寨、天桥、三门峡、陆浑、伊河、故县（洛河）小浪底等工程。

淮河流域修建了淮北大堤，三河闸、二河闸等排洪工程和佛子岭、梅山、响洪甸、磨子潭等5700多座大、中、小型水库，其干流标准提高到40~50年一遇。

二、修建了一大批大中型水电工程

新中国成立以来，水电建设迅猛发展，工程规模不断扩大。在代表性的水利水电工程中，20世纪50年代有浙江省新安江水电站、湖南省资水柘溪水电站、甘肃省黄河盐锅峡水电站、广东省新丰江水电站、安徽省梅山水电站等。20世纪60年代有甘肃省黄河刘家峡水电站、湖北省汉江丹江口水电站、河南省黄河三门峡水电站等。20世纪70年代有湖北省长江葛洲坝水电站、贵州省乌江渡水电站、四川省大渡河龚嘴水电站、湖南省凤滩水电站、甘肃省白龙江碧口水电站等。20世纪80年代有青海省黄河龙羊峡水电站、河北省滦河潘家口工程、吉林省松花江白山水电站等。20世纪90年代有湖南省沅水五强溪水电站、广西红水河岩滩水电站、湖北省清江隔河岩水电站、青海省黄河李家峡水电站、福建省闽江水口水电站、云南省澜沧江漫湾水电站、贵州省乌江东风水电站、四川省雅砻江二滩水电站、广西和贵州省南盘江天生桥一级水电站等。21世纪有三峡水电站、小浪底水电站、大朝山水电站、棉花滩水电站、龙滩水电站、水布垭水电站等。[①]

三、设计施工水平不断提高

新中国成立以来，我国的坝工技术得到了高度发展。已建成的大坝坝型有实体重力坝、宽缝重力坝、空腹重力坝、重力拱坝、拱坝、连拱坝、平板坝、大头坝、土石坝等。建成了大量100～150米高度的混凝土坝和土石坝，进行了200～300米量级高坝的研究、设计和建设工作。

计算机的引入，使坝工建设更加科学、更加精确、更加安全。CAD技术大大降低了设计人员的劳动强度，提高了设计水平，缩短了设计周期。计算技术从线性问题向非线性问题发展，弹塑性理论使结构分析更符合实际，大坝计算机仿真模拟、可靠度设计理论，拱坝体形优化设计理论、智能化程序等，使大坝设计更安全、更经济、更快捷。

在泄水消能方面，我国首创了重力坝宽尾墩消能工，并进一步将其发展到与挑流、底流、戽流相结合，改善消能效果，增加单宽流量。拱坝采用多层布置、分散落点，分区消能，有效解决了狭窄河谷内大泄量消能防冲问题。此外，窄缝消能工、阶梯式溢流面消能工、异型挑坎、洞内孔板消能工等不同形式的消能工应用于不同的工程，以适应不同的地质、地形条件和枢纽布置。

施工方面，碾压混凝土坝、面板堆石坝、大型地下厂房的开挖和衬护、预裂爆破、定向爆破、喷锚支护、过水土石围堰、高压劈裂灌浆地基处理、高边坡处理、隧洞一次成型技术等新坝型、新技术、新工艺标志着我国坝工建设的发展成就。特别是葛洲坝大江截流，截流流量4400立方米/秒，历时36小时23分钟，是我国水电建设的一大壮举。而二滩水电站双曲拱坝则年浇

①李昌锋，李婷婷，王思民.水利水电工程建设管理中存在的问题及应对措施研究[J].工程与建设，2022，36（05）：1555-1557.

筑混凝土152万立方米，月浇筑16.3万立方米，达到了狭窄河谷薄拱坝混凝土浇筑的世界先进水平。大型施工机械和施工机械化缩短了水利水电工程施工周期。

我国水利建设从重点开发开始走向系统的综合开发，例如黄河梯级工程、三峡工程和长江干流梯级工程、南水北调工程等重大工程项目的计划和实施，使我国水利事业逐渐提高到一个新的水平。

第二章 水利水电工程项目管理模式

第一节 工程项目管理概述

一、项目管理概述

（一）项目的定义及特征

“项目”一词已被广泛应用于社会的各个方面。国外许多知名的管理学方面的专家或者组织都曾经试图对项目用简明扼要的语句加以概括和描述。德国国家标准DIN69901、美国项目管理协会、美国项目管理专家格雷厄姆等对项目从不同的视角均有过定义。目前使用较多的对项目的定义为，项目是一个专门组织为实现某一特定目标，在一定约束条件下开展的一次性活动或所要完成的一个任务。

与一般生产或服务相比，项目的特征包括单件性或一次性、一定的约束条件及具有生命期。而具有大批量、可重复进行、目标不明确、局部性等特征的任务，不能称之为项目。①

（二）项目管理的基本要素

1.项目管理的定义

项目管理是指在一定的约束条件下，为达到项目目标（在规定的时间和预算费用内，达到所要求的质量）而对项目所实施的计划、组织、指挥、协调和控制的过程。项目管理过程通常包括项目定义、项目计划、项目执行、项目控制及项目结束。

2.项目管理的职能

不同的管理都有各自不同的职能，项目管理的职能包括：组织职能、计划职能及控制职能。此外，项目管理也同时具有指挥、激励、决策、协调、

①闫文涛，张海东，等.水利水电工程施工与项目管理[M].长春：吉林科学技术出版社，2020.

教育等职能。

3. 项目管理的特点

管理程序和管理步骤因各个项目的不同而灵活变化。

应用现代化管理的方法和相应的科学技术手段。

可以采用动态控制作为手段。

项目管理以项目经理为中心。

4. 项目管理的产生和发展

项目管理是在社会生产的迅速发展，科学日新月异的进步过程中产生和发展起来的。它是一门新兴科学，但是直到20世纪60年代才真正成为一门科学。因此其必然有着这样或者那样的不足，也留有更多的更广阔的空间需要我们努力钻研和积极探讨。只有这样，才能使其不断地加以完善，适应社会生产和发展的需要，才能使这门科学充分地为我们的社会作出更大的贡献。

二、工程项目管理基本理论

（一）工程项目管理基本要素

1. 工程项目管理定义

工程项目管理可以这样定义：为了在一定的约束条件下顺利开展与实施工程项目，业主委托相关从事工程项目管理的企业，企业按照合同的相关规定，代表业主对项目的所有活动的全过程进行若干的管理和服务。

2. 工程项目管理的特点

（1）工程项目管理是一种一次性管理

不同于工业产品的大批量重复生产，更不同于企业或行政管理过程的复杂化，工程项目的生产过程具有明显的单件性，这就决定了它的一次性。因此工程项目管理可以用一句话来简略地加以概括：它是以某一个建设工程项目为对象的一次性任务承包管理方式。

（2）工程项目管理是一种全过程的综合性管理

在对项目进行可行性研究、勘察设计、招标投标以及施工等各阶段，都包含着项目管理，对于项目进度、质量、成本和安全的管理又分别穿插其中。工程项目的特性是其生命周期是一个有机的成长过程，项目各阶段有明显界限，又相互有机衔接，不可间断。同时，由于社会生产力的发展，社会分工越来越细，工程项目生命周期的不同阶段逐步由不同专业的公司或独立部门去完成。在这样的背景下，需要提高工程项目管理的要求，综合管理工程项目生产的全部过程。

(3) 工程项目管理是一种约束性强的控制管理

项目管理的重要特点是在限定的合同条件范围内，项目管理者需要保质保量完成既定任务，达到预期目标。此外工程项目还具有诸多约束条件，如工程项目管理的一次性、目标的明确性、功能要求的既定性、质量的标准性、时间限定性和资源消耗控制性等，这些决定了需要提高工程项目管理的约束强度。因此，工程项目管理是强约束管理。这些约束条件是项目管理的条件，也是不可逾越的限制条件。

(4) 工程项目管理与施工管理不同

施工管理的对象是具体的工程施工项目，而工程项目管理的对象是具体的建设项目，虽然都具有一次性的特点，但管理范围不同，前者仅限于施工阶段，后者则是针对建设全部生产过程。

(二) 工程项目管理的任务

工程项目管理贯穿于一个工程项目进行的全部过程，从拟定规划开始，直到建成投产为止，其间所经历的各个生产过程以及所涉及的建设单位、咨询单位、设计单位等各个不同单位在项目管理中密切联系，但是随着项目管理组织形式的不同，在工程项目进展的不同阶段各单位又承担着不同的任务。因此，推进工程项目管理的主体可以包括建设单位、相关咨询单位、设计单位、施工单位以及为特大型工程组织的代表有关政府部门的工程指挥部。

工程项目管理的类型繁多，它们的任务因类型的不同而不同，其主要职能可以归纳为以下几个方面。

1. 计划职能

工程项目的各项工作均应以计划为依据，对工程项目预期目标进行统筹安排，并且以计划的形式对工程项目全部生产过程、生产目标以及相应生产活动进行安排，用一个动态的计划系统来对整个项目进行相应的协调控制。工程项目管理为工程项目的有序进行，以及可能达到的目标等提供一系列决策依据。除此之外，它还编制一系列与工程项目进展相关的计划，有效指导整个项目的开展。

2. 协调与组织职能

工程项目协调与组织是工程项目管理的重要职能之一，是实现工程项目目标必不可少的方法和手段，它的实现过程充分体现了管理的技术与艺术。在工程项目实施的过程中，协调功能主要是有效沟通和协调加强不同部门在工程项目的不同阶段、不同部门之间的管理，以此实现目标一致和步调一致。组织职能就是建立一套以明确各部门分工、职责以及职权为基础的规章制度，以此充分调动建设员工对于工作的积极主动性和创造性，形成一个高效的组织保证体系。

3. 控制职能

控制职能主要包括合同管理、招投标管理、工程技术管理、施工质量管理和工程项目的成本管理这5个方面。其中合同管理中所形成的相关条款是对开展的项目进行控制和约束的有效手段，同时也是保障合同双方合法权益的依据；工程技术管理由于不仅牵涉到委托设计、审查施工图等工程的准备阶段，而且还要对工程实施阶段的相关技术方案进行审定，因此它是工程项目能否全面实现各项预定目标的关键；施工质量管理则是工程项目的重中之重，其包括对于材料供应商的资质审查、操作流程和工艺标准的质量检查、分部分项工程的质量等级评定等。此外招投标管理和工程项目成本管理也是控制职能的不可或缺的有机组成部分。

4. 监督职能

工程项目监督职能开展的主要依据是项目合同的相关条款、规章制度、操作规程、相关专业规范以及各种质量标准、工作标准。在工程管理中，监理机构的作用需要得到充分的发挥，除此之外，加强工程项目中的日常生产管理及时发现和解决问题，堵塞漏洞，以确保工程项目平稳有序运行，并最终达到预期目标。

5. 风险管理

对于现代企业来说，风险管理就是通过对风险的识别、预测和衡量，选择有效的手段，尽可能降低成本，有计划地处理风险，以获得企业安全生产的经济保障。工程项目的规模不断扩大，所要求的建筑施工技术也日趋复杂，业主和承包商所需要面临的风险越来越多，因此，需要在工程项目的投资效益得到保证的前提下，系统分析、评价项目风险，以提出风险防范对策，形成一套有效的项目风险管理程序。

6.环境保护

现代人们提倡环保意识，一个良好的工程建设项目就是要对环境不造成或者尽可能少的造成损坏的前提下，对环境进行改造，为人们的生活环境添加有魅力的社会景观，造福人类。因此，在工程项目的开展过程中，需要综合考虑诸多因素，强化环保意识，切实有效地保护环境，防止破坏生态平衡、污染空气和水质、损害自然环境等现象的发生。

第二节 国际水利水电工程项目管理模式

随着各国经济相互间的融合与交流的迅速发展，各国建筑企业在项目管理领域的竞争日益激烈，我国能否在国际工程项目管理上取得成功，并在国际建筑市场上占有一席之地，取决于我国能否在工程项目的管理理念和管理模式上与国际接轨。因此，目前我国建筑企业的经营在立足于本国市场的同时，还应具备勇于参与国际竞争的意识和积极拓展国际化经营的事业规划，在高水平开放的大背景下，学习借鉴国外的先进工程项目管理模式，从国际的角度开展战略规划，开拓广阔的国际市场，提升国际竞争能力。

一、国际工程项目管理模式的发展

起源于20世纪50年代的工程项目管理学科在工程项目国际化的大背景下得到了不断的发展，随之带来的是国际工程项目管理模式从无到有、从起步到逐渐成熟的发展。虽然在国际工程项目管理领域做得比较突出的国家从起步的时间来看不尽相同，但是从其主要发展阶段和项目管理的主要特点方面分析，大都经历了较为相同的三个发展阶段。在实际发展过程中，这三个阶段互有交叉，并行发展，并不是严格按顺序进行的。

（一）自行组织建设时期

自行组织建设模式即是由建设单位根据所要建设的工程项目特点，筹措建设资金，编制工程项目任务书，设计、施工以及材料设备的采购都由建设单位自行组织，并且以上每个项目流程的监督和管理等也是在项目开展的同时由建设单位相应进行的。

该种项目管理模式在20世纪50年代出现以来作为一种基本的建设方式存在了很长一段时间。在自行组织建设模式中，建设单位的角色和职能是由项目发包人、融资主体和项目建设主体三者融为一体的。但是这种完全依靠自身的管理模式在开展复杂的国际项目时表现出了极大的局限性，如在融资力度上、工程项目的建设和管理上都不能够很好地达到国际工程项目的要求。

（二）传统模式时期

传统模式也称设计—招标—建造模式，简称DBB模式。经过多年的发展，这种模式在国际工程管理中占有一席之地，是国际上最为通用、应用最为广泛的项目管理模式。我国目前采用的“工程项目法人责任制”“招标投标制”“建设监理制”“合同管理制”基本上都是参照这种模式制定的。

（三）多种模式并存时期

自进入21世纪以来，全球经济继续向前飞速发展，跨国公司的工程项目不断增多，工程项目的国际化程度越来越高，项目的规模也较以往更加庞大，复杂程度也越来越深。采用什么样的管理模式才能更好地完成国际工程项目这样一个课题摆在了国内外项目管理专家的面前。在这一时期，管理模式进入了一个快速发展的阶段，新方法层出不穷，包括项目管理承包模式（PMC模式）、建筑工程管理模式（CM模式）、合伙模式（Partnering模式）、更替合同模式（NC模式）等。但是每种模式都有其使用范围，因此，在进行国际工程项目时需要结合项目本身的特点，选择适宜的项目管理模式。

二、主要项目管理模式及特征

（一）传统模式

DBB模式又称设计—招标—建造（Design-Bid-Build）方式，是国际上最为通用的一种模式，在相关国际组织提供贷款和资助的工程项目中应用较多。

在这种模式下，业主通过一定方式选择设计单位，并由设计单位按要求完成项目设计工作，之后，通过竞争性招标，选择最有资格的合适的施工承包商和材料设备供应商完成工程建设的任务以及建设材料的供应。在建设期间，设计方可受业主的委托，代表业主对工程项目进行监督。其最大特点是业主、设计、施工和供货商之间的关系相互独立，最主要的特征表现在工程项目的推进和开展是按照线性顺序前进的，下一个阶段的开始只能在上一阶段结束之后。

DBB模式现今已经发展得极为成熟，这也是其最大的优点。除此之外，DBB模式还具有很强的通用性，设计、咨询以及监理方可以由业主自由选择，与工程项目相关的合同文本均为参与各方所熟悉，在各自合同的约定下，各自行使相应的权利和履行相应的义务，三方的权利、责任、利益分配十分明确，避免了行政部门的干扰。

但是这种模式也不是尽善尽美，它也有不少缺点。工程项目的规划、设计、施工三个环节需按照线性顺序进行，在以上环节完成之后才移交给业主，项目建设周期长；业主管理费用较高，前期投入大；一旦工程项目变更可能引起较多索赔，设计与施工之间协调困难，容易引发争端，使业主利益受损。另外，当出现大的工程质量事故时，设计和施工双方容易互相推诿责任等。

（二）DB（设计—建造）模式

DB模式变革与发展了传统的工程项目管理模式，在设计和施工中所遇到的难以协调的问题也得到了解决。它是广义工程总承包模式的一种，是由一个工程承包机构与业主签订承担工程全部责任的单一契约，在工程项目开始时受到业主的施工委托同时开展项目设计和施工的一种承建模式。具体表现在发包人根据工程项目的要求，选择符合条件的承包人进行项目设计和施工，在这种模式下，承包人还将负责控制工程各阶段的成本，当然在施工阶段承包人可以将工程项目分包给分包商，本公司的施工单位也可以自行完成工程施工，设计工作也可采用相似的方式进行。DB模式在全世界得到了不同程度的应用，其中以在日本的应用最为广泛。这主要得益于日本建设公司拥有庞大的规模和雄厚的技术力量，并且能提供综合性的设计、施工管理与实施服务，通过这种模式达到在保证项目工程质量的前提下，降低项目的成本并获得较高的经济利益的目的。

其最显著的特点有：该模式实行设计施工一体化，能够明显缩短工期；

总承包单位唯一，责任明确，减少不必要的争端和索赔；减轻业主管理的压力；DB总承包采用固定总价合同，有助于业主掌握相对确定的投资。在国外，DB模式涉及的工程多为房屋、公路和桥梁等土建工程。

DB模式一个重要的特点是，在没有任何图纸的前提下，业主只需对自己的目标工程提供功能要求书以及相关的工程条件说明等资料即可进行招标，这种只提供功能要求的招标叫作功能招标。与此相对应的，施工总承包称为构造招标。在这种招标模式下施工意向承包商投标时和双方订立承包合同时，是以总价合同为基础的，允许价格在相应条件变化时进行调整。

DB模式的优点在于能够将设计工作和组织施工的每一个环节进行紧密的融合搭接，发包人能从报价费用和工期方面节约经费，减少利息支出；能够明显缩短工期；总承包单位唯一，设计和施工责任明确，减少不必要的争端和索赔；减轻业主管理的压力。

DB模式的缺点在于发包人对于设计人员的选择、设计过程中的检查以及最终设计成果和功能细节所要达到的效果等方面的控制能力较低，因此，这种模式下的工程设计与施工由同一个实体完成，使工程师与承包人之间的检查、制衡作用有所减弱，设计和施工质量无法得到充分的保证。

（三）EPC（项目总承包）模式

EPC模式是指发包人招投标选择总承包商，总承包商运作工程项目的全工程，并就项目过程中所产生的关于工期、成本、质量和安全等问题负全面责任。在EPC模式中，Engineering包括的内容有具体的设计工作和对整个工程建设内容实施组织管理的策划和具体工作；Procurement指的是各种专业设备、材料的采购；Construction包括对工程项目进行的施工、安装、调试等。与DB模式相比，EPC模式的承包范围更广，还有一点不同是，在EPC模式中，EPC承包单位完全负责采购工作。

EPC模式起初被那些希望尽早确定投资总额和建设周期的发包人使用，后来逐渐在国际市场得到广泛应用，后来EPC合同条件标准化更加利于EPC模式在国际市场中的推广应用。

EPC模式主要应用于技术复杂的大型国际工程承包，尤其是那些采购工程量较大的项目承包。在这种模式下，整个项目工程进行过程中，承包人不再聘请专门的工程师，项目的宏观管理只由发包人或发包人代表直接进行，因此承包人承担了更大的责任和风险，在承揽到项目工程后，EPC总承包人可以根据自身的技术力量和管理能力，自行完成工程项目的设计、采购和施工任务，或者将其中的部分或全部工作进行分包。

目前，EPC模式已在西方发达国家得到广泛应用，我国国内部分大型建筑企业也开始逐步采用这种模式。在实践中，其主要有以下特征及优点：①业主只负责整体的、原则的、目标的管理和控制，而由工程总承包商负责工程的设计、采购、施工以及投产服务工作；②业主只与工程总承包商签订工程总承包合同；③总承包商既要承担更多的责任和风险，也可以拥有较大的机会；④工程项目的管理和控制可以由业主自行组建的管理机构进行，也可以由业主委托的专业项目管理公司进行；⑤业主极少介入具体组织实施工作。①

（四）CM（建设管理）模式

CM模式是CM单位受业主委托以承包商的身份，采取Fast Track的生产组织方式，即有条件地“边设计、边施工”，进行工程项目管理，直接指挥工程施工进行，这种模式会对设计活动造成一定程度的影响。CM单位与业主的合同通常采用“成本加利润”的方式。

Fast Track是指在工程整体设计尚未结束时，业主可以对完成的部分施工图进行施工招标，先行开展该部分工程的施工。由此，整个工程项目的设计被划分为若干部分，工程的施工也不再由一家单位承包，而是被分解成若干个分包，按设计施工的先后顺序分别进行招标。与传统模式相比，在CM模式中，设计、招标、施工三者充分搭接，施工可以在尽可能早的时间开始，整个工程项目的建设周期被大大缩短。

采用Fast Track方式时，业主将根据设计工作的进展，按工程设计完成的先后顺序分别委托给不同的施工单位，这就明显增加了施工招标的工作量，大大增大了承包合同的数量，这样不仅不利于合同管理工作的进行，而且增加了不同分包单位间的组织和协调工作的难度。因此，采用这样的方式，业主需要委托一家专门的单位来承担CM工作，由CM单位负责协调设计、组织招标和管理施工的关系，解决因采用Fast Track方式而使业主管理工作复杂化

①杨发栋.EPC总承包模式及在水利水电工程项目管理体制中应用[J].河南水利与南水北调，2020，49（01）：75-76.

的问题。

在国际上CM模式的管理形式可分为以下两种基本类型：非代理型CM和代理型CM。

非代理型CM是指业主与CM单位签订CM合同，CM单位作为整个工程项目的承包商，直接对项目进行分包的发包，并直接与分包商签订分包合同，但是他们之间并无直接的合同关系。

业主工程建设费用主要包括两项，一项是支付给CM单位的费用，另一项是专业承包商完成工程所需的直接成本，CM单位需要自行承担保证施工成本的风险，也可能因成本降低而获得额外的收入，所以非代理型CM也称风险型CM。

一般情况下，业主为保证总的投资额控制在一定的范围内，会要求CM单位提出保证最大工程费用（GMP），若结算后投资总额超过GMP，则由CM单位负责赔偿，若低于GMP，则节约出来的投资由业主和CM单位按约定的比例分成。

代理型CM是指CM单位以“业主代理”的身份参与工作，对设计和施工之间、不同承包商之间在施工现场的各种活动进行协调，它不负责对分包工程的发包，业主直接签订与各分包商的合同。但对于项目的工期、成本、质量，CM单位不承担责任，由承包商直接向业主负责。CM单位与业主之间的服务合同以固定费或比例费方式计费。

1.CM模式的特点

CM模式的基本思想是使设计阶段与施工阶段充分搭接，实现有条件的“边设计、边施工”，其出发点是缩短建设周期。

CM模式下，CM承包商在早期介入，这样做的目的是改善传统模式设计与施工相互脱离的弊病，在一定程度上对设计进行优化，同时设计过程被分解，设计一部分，招标一部分，在很大程度上减少了设计变更。

CM费用采用“成本加利润”方式确定，CM单位与分包商的合同价对业主是公开的。

合同的价格因分步确定，故更有依据。

在确定项目总费用的时候，代理型CM模式一般采用最大保证工程费用GMP，业主还可以指定分包商。

2.CM模式的优点

CM合同价同施工总承包合同价相比，CM合同价相对更加合理。在施工总承包中，发包工作限于一次完成，相应合同价也需在发包时一次性确定。而采用CM模式时，施工任务被分成许多小包，施工合同总价由一次次的分包合同价组成，不是一次性确定，而是将施工合同总价通过招标分包给不同的单位，由此得到的分包合同价加起来较合同总价更具有合理性。

CM单位可采用价值工程方法进一步节约投资。这是根据其在施工成本控制方面的实际经验得出的，可以进一步节约投资。

CM单位不赚总包与分包之间的差价。它与分包商或供应商的合同价是公开透明的，在谈判过程中所降低的分包合同价由业主按照一定的比例，在业主和CM单位之间进行分成。可见，CM单位赚的钱在明处，不赚总包与分包之间的差价，这样更有利于降低工程费用。

GMP（最大工程费用）对于减轻业主在投资控制方面的风险具有明显的成效。在非代理型CM模式下，业主对工程总投资的控制以及对工程总承包或施工总承包的控制是利用GMP进行的，与合同双方在执行合同前就对合同总价事先约定的方式相比，CM合同总价是在CM合同签订后，随着CM单位与各分包商签订分包合同而逐步形成的，在采用代理型CM模式时，CM单位必须承担GMP的风险，对工程费用的控制承担更加直接的责任，如果实际工程的费用超过了GMP，将由CM单位承担，而业主在工程投资控制上的风险则大大减小了。

工程费用的控制须采用更为先进的管理方法和手段。同普通承包商对工程费用的控制相比较，CM单位既需要对自己的施工成本进行控制，同时还要承担为业主控制工程费用的责任，而普通承包商则无此义务责任。

3.CM模式的不足

风险较大，由于设计、施工的搭接，在招投标选择承包人时，项目费用的估计并不完全准确。

工程项目实施过程中业主参与程度较高，比如指定分包商等，但是这样做的后果是可能会带来合同的纠纷，并不可避免地导致索赔的发生以及费用的变更。

在运用代理型CM模式时，由于GMP通常是动态变化的，因此需要花费大量的人力和时间来确定GMP。

现今我国高水平的代理型CM单位较少。

在代理型CM模式中，CM单位不对项目进度和成本做出保证。

（五）PM（项目管理）模式

PM有广义概念和狭义概念之分。广义的PM指项目参与各方以项目目标为导向的管理活动，狭义的PM是指业主方的项目管理。一般我们所说的PM模式指的是业主聘请比较专业的、有较丰富项目管理经验的项目管理公司或工程咨询公司，为业主提供全过程或若干阶段的专业管理（技术咨询）服务。工程项目管理公司一般应按照合同约定，承担相应的管理责任。按照合同的约定，在工程项目的决策阶段，需进行可行性分析和项目策划，向业主提供可行性研究报告。在工程项目的实施阶段，为业主提供从项目招标代理开始直到竣工验收为止等一系列服务，并代表业主对整个工程项目的相关方面进行有效的管理和控制。

（六）PMC（项目管理承包）模式

随着PM模式逐步完善及全球经济的发展，PMC（项目管理承包）模式在20世纪80年代开始出现并缓慢发展。PMC模式，是指业主与PMC公司签订合同，在合同中明确规定公司应提供专业的管理服务或技术咨询，以及承包部分工程的设计和施工工作。目前PMC模式在亚太和南美地区得到广泛应用，欧美的一些大型项目也开始运用这种模式对项目进行管理。

在PMC模式中，双方签订的合同具有咨询管理和承发包的性质，但是对工程项目的管理是PM公司的重要工作内容。在PMC模式中，项目分成两个阶段进行，定义阶段和执行阶段。在定义阶段，业主委托PMC公司（项目管理公司）对项目进行全面的管理。PMC公司组织完成初步设计，确定所有专业设计方案及技术方案，确定设备、材料的规格及数量，准确估算工程项目费用并编制相应的招标书，最终确定工程中各个项目的总承包人（EPC）以及确定最终投资决策。

在执行阶段，总承包人负责对中标的项目开展相关的详细设计、采购和施工工作，PMC公司作为业主代表承担整个工程项目的管理协调工作，直到项目完成。在项目的各个阶段，PMC公司都要及时向业主进行工作报告，业主也派出部分人员监督和检查PMC公司的工作。

综合以上两个阶段中PMC公司的工作内容，PMC模式较PM模式的工作范围有所延伸和拓展，如增加了工程初步设计等工作，但工作范围的延伸和拓展对PMC公司的能力要求也相应提高。

PMC模式的优点是：PMC公司作为业主的管理和咨询机构，完全按照业主的意志有效运筹整个工程项目，极大地弥补了业主在项目管理知识和经验方面的不足，可以充分发挥PMC公司的专业优势。这种优势可以在帮助业主有效节约投资、提高管理水平方面有成效，并且工程项目中设计与施工之间的矛盾也会相应减少，业主在项目融资、出口信贷等方面还会得到PMC公司的支持；同时，这种模式还可以比较方便地采用阶段式发包，有利于缩短工程周期。

具有以下特点的项目比较适宜选用PMC模式进行项目管理：①工艺技术复杂并且投资额较大（一般超过10亿元）的项目；②多个大公司组成的项目联合体或者有政府参与的业主；③业主自身的资产负债能力不能为项目提供足够的融资担保；④项目投资可以通过有关机构取得国际贷款，而具有相应资质的PMC公司可以代替业主完成这样的工作，获得国际贷款；⑤业主需要寻找有管理经验的PMC公司代替业主完成项目管理，用以弥补自身资源和能力方面的欠缺。

（七）BOT（建造—运营—移交）模式

BOT模式是20世纪80年代在国外兴起的一种对国有基础设施项目进行民营化管理的模式，即依靠国外私人资本进行基础设施融资和设计建造。它是指东道国政府开放本国基础设施和运营市场，吸收国外资金，向项目公司授以特许权，由项目公司负责融资和组织建设，并负责建成后的运营及还贷，在特许期满后将工程移交给东道国政府。

BOT模式被认为是代表国际项目融资发展趋势的一种新型结构，它刚一出现，就引起了国际金融界的广泛重视。BOT模式的一个重要特征是政府机构将最终接管运营中的项目。BOT模式主要用于基础设施项目的建设，并且在这些项目中，BOT模式显示出了旺盛的生命力和发展前景。20世纪80年代以后，BOT模式得到了发展中国家政府的重视和广泛应用，并且其中不乏成功运用BOT模式的案例。一些发达国家政府的项目工程也考虑应用BOT模式完成政府企业的私有化过程，比如澳大利亚悉尼港海底隧道工程、横贯英法的英吉利海峡海底隧道工程等，是已有的发达国家采用BOT模式进行的项目。

1.BOT模式的优点

利用民间投资，易于在一定程度上降低政府财务负担。民间资本介入基础设施项目的建设使得政府可以在其他公共投资方面加大力度，又由于私人企业承担了项目融资的所有责任，使得政府主权借债和还本付息的负担得到减轻。

BOT融资模式中，投资者承担了绝大部分项目建设风险，由此政府可以避免大量的项目风险。

私人企业在基础项目建设中，为降低风险，获得较多的收益，加强项目管理，控制造价，提高了项目的运作效率。

严格按照中标价实施，项目回报率十分明确，政府和私人企业之间利益纠纷较少。

组织机构比较简单，容易协调政府部门和私人企业。

BOT项目通常由跨国公司进行承包，在项目进行的过程中不可避免地要采用国外的先进技术和管理经验，促进了所在国与国外经济、社会的融合。

2.BOT方式的缺点

在正式签订合同之前，政府部门需要与私人企业进行长期的沟通、了解和磋商，这就不可避免地导致了项目周期变长、投资费用变高。

机制不够灵活，降低了私人企业吸收先进技术和管理经验的积极性。

参与项目各方存在某些利益冲突，对融资造成障碍。

投资方和贷款人风险过大，没有退路，使融资举步维艰。

在特许期内，项目不受政府控制。

（八）Partnering（合伙）模式

Partnering模式最先出现在美国，是一种新的建设项目管理模式，它在确定建设工程共同目标时须充分考虑各方利益。它是指在能够取得最大资源效益的条件下，业主及项目参与各方在相互信任、相互尊重和资源共享的基础上达成的一种短期或长期的相互协定。该协定的优势在于它突破了传统的组织界限，通过确定共同的项目目标，建立起具有良好合作关系的工作小组，就工程项目中出现的问题、风险以及其他的相关费用协商解决和分担。

相对于传统的工程项目管理模式，Partnering模式不但能够良好地管理业主在工程项目方面的投资、进度以及进行质量控制，还改善了工程建设参与各方的关系，明显减少了争议和诉讼，并且可以提高承包商的利润。

Partnering模式的特征包括合作双方的自愿性、高层管理的参与性以及信息的开放性等，它总是与其他管理模式结合使用。

该模式比较适用于具有以下特征的工程：①业主经常有投资活动的工程项目；②国际金融组织贷款的工程项目；③复杂的不确定因素较多的工程项目；④不适宜采用分开招标或邀请招标的工程项目。

（九）NC（更替合同）模式

NC（更替型合同）模式是一种新的项目管理模式，也可看作是传统模式与DB模式的巧妙结合，指在项目实施初期，项目的初步设计由业主委托相应的咨询公司进行，当设计工作完成全部要求的30%～80%时，业主开始招标进行承包商的选择，并由选择的承包商完成剩余的设计及施工工作，同时规定承包商必须与原设计咨询公司签订设计合同，设计咨询公司成为设计分包商。

NC模式的主要优点是可以保证业主对项目的总体要求，在施工详图设计阶段吸收承包商的施工经验，减少施工中的设计变更，有利于保持设计工作的连贯性，加快工程进度和提高施工质量；该模式中业主方风险相应较小，由承包商更多地承担工程项目实施期的风险管理；同时在之后阶段，承包商承担全部设计建造的责任，合同管理也较易操作。

NC模式的缺点和需要注意的事项是对于前期项目，业主方必须有周到的考虑，一旦发生设计合同转移的现象，变更就显得相当困难；在签订新合同的同时，对于合同更替过程中的责任和风险的重新分配要仔细地加以研究，以尽量减少以后的纠纷；双方的风险基本上与传统模式的风险相同，承包方在后一阶段需要承担相应的设计风险。

三、国际工程项目管理模式的应用特点

综合以上关于国际工程项目管理模式的定义及对比，我们可以总结出其应用特点与影响，归纳内容如下。

（一）工程项目管理从非专业化向专业化转变

业主将自己进行工程项目的监督和管理专项委托专门的人员或者机构来完成这项工作，如经验丰富的从事项目管理的专业人员，包括咨询工程师、项目管理专家等，也可以是专营项目管理的机构，主要有咨询公司、工程公司和项目管理公司。工程项目管理的这种由非专业化逐步向专业化和社会化的转变，可以大大提高工程项目管理水平，并且有利于工程管理经验的积累。

（二）有利于充分调动参与企业的积极性和能动性，发挥企业的各种优势

建筑行业的发展方向，在一定程度上取决于工程项目管理模式的发展趋势，此发展趋势以充分发挥项目参与企业的人才、技术、管理以及资源等方面的优势，以此调动建筑企业的积极性，以利于建筑市场经济的健康发展。

（三）能够更加紧密地将工程项目的设计与施工相结合

以往工程建设中常出现的设计和施工相互制约及脱节的矛盾，在新的管理模式中逐步得以克服，使工程项目的设计和施工从以往的相互独立分离到深度合理交叉，施工因素在项目初始设计阶段就预先加以考虑，最大限度地减少由于设计的错误和疏忽引起的变更，有效地控制工程投资、进度和质量，节约社会资源，并能最大限度地满足业主的要求。

（四）便于业主简化项目管理，进行宏观控制

业主不必进行烦琐的工程项目管理工作，这些交由专业人士管理，这样就将以往复杂、多边性质的合同管理关系简化为简单、单边的合同管理关系，使得业主能够在宏观层面对投资、工程周期和质量等方面进行控制。

（五）利于工程项目风险合理分摊

项目风险从最初全部由业主承担，先后经历了各阶段承包人共同承担和工程总承包人和项目管理总承包人承担两个阶段，在这样的转变过程中，不但实现了项目风险的合理分担和转移，也实现了承包人的优势集成优化。

（六）工程项目管理模式与建筑业信息化发展相辅相成

工程项目管理模式的改革和完善，对建筑业信息化的迅速发展起到促进作用；同样，建筑业信息化的发展和完善，也为工程项目管理模式的发展提供了坚实的基础与有力的支持。

（七）在工程项目管理模式的发展中建筑行业组织所起的作用不容忽视

建筑业各个协会组织的作用主要体现在两方面：一方面是为工程项目管理模式的完善提供充分的智力支持，另一方面也是最为重要的一点，行业组织推出了一系列的标准合同范本，直接有效地推动了工程项目管理模式的发展与变迁。

（八）对于当前工程项目投资多元化的发展趋势拥有良好的适应性

现今工程项目投资多元化的趋势日益明显，新的项目管理模式对此更加适应，使越来越多的国外投资人、企业出资人和民间投资人等均能便捷地参与到工程项目建设中来，有利于推动我国的经济建设。

（九）项目参与方互利共赢，促进了相互之间的长期友好合作

有利于提高工程项目各参与方的满意度，完成各方的共同目标，为社会奉献优良的建筑产品，最终实现各方共赢，也有利于项目各参与方建立长期友好的合作关系，为以后顺利开展合作奠定良好的基础，从而共同致力于我国建筑事业的繁荣发展。

第三节 我国水利水电工程项目管理模式

一、水利水电工程项目管理的主导模式

（一）我国常用的工程项目管理模式

自我国加入WTO后，建筑业的竞争从国内单位的竞争转变为国际市场的竞争，为了能尽快融入国际市场，我国修改完善了相关政策法规，采用了国际惯用的职业注册制度。在积极应对国际竞争，与国际接轨的同时，还将国外一些先进的应用广泛的工程项目管理模式引进了国内。目前，在我国普遍应用的有监理制、代建制和EPC三种工程项目管理模式。

1.工程建设监理模式

建设监理在国外通称为项目咨询，其站在投资业主的立场上，采用建设工程项目管理的方式对建设工程项目进行综合管理以实现投资者的目标。目前，我国广泛应用传统模式下、PM模式下以及DB模式下工程监理。

工程建设监理制的真正起源是国外的传统（设计—招标—建造）模式，

工程建设监理制是指由项目业主委托监理单位对工程项目进行管理，业主可以根据工程项目的具体情况来决定监理工程师的介入时间和介入范围。现阶段我国的工程建设监理主要是对施工阶段的监督管理。

2.代建制模式

代建制是我国政府投资非经营性项目委托机构进行管理的特定称谓，在国际上并没有这种说法。我国的代建制管理模式最初是由个别地方政府进行试点试运行，后来得到了一定程度的总结，并逐步扩展到全国各地，经历了由点到面，由下到上的过程。

迄今为止，关于代建制统一标准的定义在学术界和政府机构的规章汇总并没有得到明确。这里综合各方见解认为，所谓代建制，是针对政府投资的非经营性项目进行公开竞标，选择专业化的项目管理单位作为代建人，负责投资项目建设和施工组织工作，待项目竣工验收后交付给使用单位的工程项目管理模式。

政府投资项目的代建制一般包括政府业主、代建单位和承包商三方主体。一般而言，三者之间的关系形式如下：①业主分别与其他两方以及设计单位签订相应的合同，业主对设计和施工直接负责，代建单位仅向业主提供管理服务，这种形式类似国外的PM模式；②业主与代建单位签订代建合同，代建单位再分别与设计单位、施工单位签订合同，代建单位向业主提供包括管理服务、全部设计工作以及部分施工任务在内的相关工作，这种形式类似PMC模式；③业主与代建单位之间的代建合同范围广泛，包含从项目设计到施工的全部内容。

3.代建制的特点

政府投资的非经营性项目主要采用代建制。一般情况下，是政府公共财政来弥补非经营性项目的投资失误，损害了广大纳税人的利益，有损社会公平。通过招投标方式采用代建制以后，有利于实现项目管理团队的专业化，有利于防止出现投资“三超”（概算超估算、预算超概算、结算超预算）、工期拖延等现象，同时项目工程质量也可以得到充分的保证。如实行代建制的北京市回龙观医院工程，施工图预算时超出概算400万元，后经反复研究讨论，最终在保证工期、保证工程质量的前提下，消化了400万元的超出款。

代建制的实施，使政府得以脱离烦琐、具体的工程项目管理工作，从投资主体的角度站在宏观层面上对项目的实施进行调控和监管，提高工程效益。

代建制模式下建设、管理、使用各环节相互分离，克服了传统模式下政府投资项目“投资、建设、监管、使用”四位一体的弊端，有效地防止了腐败的滋生，还有效地解决了政府项目投资软约束问题。

（二）平行发包模式

随着改革的不断深入，我国水利水电工程项目管理逐渐形成了一种平行发包模式，它是在项目法人责任制、招标投标制和建设监理制框架下建立的一种项目管理模式，成为现今水利水电工程项目管理的主导模式。

项目法人责任制首先规范了项目业主的建设行为，其次明确了工程项目的产权以及项目建设的经济及法律职责范围内的责任与义务；招标投标制推动了建筑企业由行政指令方式的承包向市场选择方式的承包转变；建设监理制的推行使得监理单位更有效地对招标承包和合同进行管理，而项目业主又通过合同管理来实现自身对工程项目建设的设想，与此同时，承包单位与业主之间订立的具有法律约束力的经济合同关系，割断了其与上级行政主管部门的联系。

1.平行发包模式的概念及其基本特点

平行发包模式是指项目业主将工程建设项目进行分解，按照内容分别发包给不同的单位，并与其签订经济合同，通过合同来约定合同双方的责权利，从而实现工程建设目标的一种项目管理模式。各个参与方相互之间的关系是平行的。

平行发包模式的基本特点是在政府有关部门的监督管理之下，项目业主合理地对工程建设任务进行分解，然后进行分类综合，以确定每个合同的发包内容，从而选择适当的承包商。各承包商向项目业主提供服务，监理单位协助或者受到项目业主的委托，管理和监督工程建设项目标的进行。

与传统模式下的阶段法不同的是，平行发包模式借鉴传统模式下细致管理和CM模式的快速轨道法，在未完成施工图设计的情况下即进行施工承包商的招标，采用有条件的“边设计、边施工”的方法进行工程建设。

2.平行发包模式的优缺点

无论是在国内还是在国外，平行发包模式都是一种发展得十分成熟的项目管理模式，它的优点是项目业主通过招投标直接选定各承包人，使业主对工程各方面把握更细致、更深入，设计变更的处理相对灵活；合同个数较多，合同界面之间存在相互制约关系；由于有隶属不同和专业不同的多家承包单位共同承担同一个建设项目，同时工作作业面增多，施工空间扩大，总体力量增大，勘察、设计、施工各个建设阶段以及施工各阶段搭接顺畅，有利于缩短项目建设周期。一般对于一些大型的工程建设项目，即投资大、工期比较长、各部分质量标准、专业技术工艺要求不同，又有工期提前的要求，多采用此种模式。

平行发包模式的主要缺点是项目招标工作量增大，业主合同管理任务量大，合同个数和合同界面增多，增加了协调工作量和管理难度，项目实施过程中管理费用高，设计与施工、施工与采购之间相互脱离，需要频繁地进行业主与各个承包商之间的协调工作，工程造价不能达到最优控制状态。招标代理和建设监理等社会化、专业化的项目管理中介服务机构的推行，有助于解决该模式中存在的问题。①

二、我国水利水电工程项目管理模式的选择

（一）工程项目管理模式选择的影响因素

在选择工程项目管理模式时，我们必须考虑以下三个要素：工程的特点、业主的要求及建筑市场的总体情况。

1. 工程的特点

在选择工程项目管理模式之初考虑的最主要问题就是工程的特点，其包括工程项目规模、设计深度、工期要求、工程其他的特性等因素。

工程项目规模是工程项目管理模式要考虑的主要因素之一。对于规模较小的工程，如住宅建筑、单层工业厂房等通用性比较强的一般民建工程，各种模式都可以采用，因为其不但工程结构比较简单，而且比较容易确定设计、施工工作量和工程投资，常用施工总包模式、设计施工总包模式、项目总承包模式。对于工程规模较大的工程，项目管理模式的选择要在综合分析现有情况的条件下做出。例如，如果具有总承包资质的施工单位很少，不一

①张曙光．国际水利水电工程项目管理模式对比分析[J]．工程技术研究，2019，4（22）：183-184.

定能满足招标要求，为防止因投标者过少而导致招标失败，业主可选择分项发包模式；如果业主没有经验，而所从事的工程项目又需要承包商具有专业的技术和经验或者是高新技术项目工程，可以采用设计施工总承包模式、项目总承包模式或者代理型CM模式。

设计深度也是选择工程项目管理模式要考虑的主要因素之一。如果对于工程的招标需要在初步设计刚完成后就开始，但是业主面临的情况是整个工程施工详图没有完成，甚至没有开始，并不具备施工总包的条件，此时适宜的项目管理模式可以是分项发包模式、详细设计施工总包模式、咨询代理设计施工总包模式、CM模式；如果设计图纸比较完备，能较为准确地估算工程量，可采用施工总包模式；某些工程在可行性研究完成后就进行招标，可采用传统的设计施工总承包模式。

工期要求也是选择工程项目管理模式要考虑的主要因素之一。大多数工程都对工期有着严格的要求，若工期较短，时间紧促，则可以选择分项发包模式、设计施工总承包模式、项目总承包模式和CM模式，而不能采用施工总包模式。

此外工程的复杂程度、业主的管理能力、资金结构以及产权关系等因素对项目管理模式的选择也有一定的影响，必须将以上各种因素综合起来考虑，选择适合的工程项目管理模式，最大限度、最便捷地达到目标。

2.业主单位的要求

工程特点所含的因素中，部分包含业主的要求，因此这里所指的主要是业主的其他要求，包括自身的偏好、需要达到的投资控制、参与管理的程度、愿意承担的风险大小等。举个例子来说，如果业主单位具备一定的管理能力，想亲自参与项目管理，控制投资，可以采用分项发包模式；如果业主单位既希望节约投资又不希望自己太累，就可以采用CM模式，减少自身的工作量。

如果业主单位时间精力有限，不愿过多地参与项目建设过程，可以优先考虑设计施工总承包模式和项目总承包模式，在这两种模式中，工程项目开展的全部工作交由总承包商承担，业主只负责宏观层面上的管理。然而在这两种模式中，业主要想有效控制项目的质量有一定的难度。因此，这就需要业主单位采取其他的管理模式来解决项目控制方面的难题。对一些常用的项目管理模式，按业主单位参与程度由大到小的排列顺序为：分项发包模式、施工总承包模式、CM模式、设计施工总承包模式、项目总承包模式。

如果业主单位希望控制工程投资，需要掌控设计阶段的相关决策工作，在此情况下适宜采用分项发包模式、CM模式或者施工总承包模式；若采用设计施工总承包模式和项目总承包模式，业主对设计控制的难度较大。但在施工总承包模式下，由于设计与施工相互脱节，易产生较多的设计变更，不利于项目的设计优化，容易导致较多的合同争议和变更索赔。

随着工程项目的规模越来越大，技术越来越复杂，工程项目所承担的风险也越来越大，因此业主单位在工程管理模式的选取时应将此作为一个重要的考虑因素。常见项目管理模式按业主承担的管理风险由大到小排序为：分项发包模式、非代理型CM模式、代理型CM模式、施工总承包模式、设计施工总承包模式、项目总承包模式。

3.建筑市场的总体情况

项目管理模式的选择也需要考虑建筑市场的总体情况，因为业主单位期望开展的相关工程项目在建筑市场上不一定能够找到具有相应承包能力的承包商。例如，像三峡大坝建设这么大的工程，不可能把所有施工工作全部承包给一个建设单位，因为放眼全国尚没有一家建设单位有能力完成此项目。常见项目管理模式按照对承包商的能力要求从高到低的排序为：项目总承包模式、设计施工总包模式、代理型CM模式、施工总包模式、非代理型CM模式、分项发包模式。

（二）水利水电工程项目管理模式选择的原则

1.项目法人集中精力做好全局性工作

一般情况下，水利水电工程都具有规模较大、战线长、工程点多、建设管理复杂的特点，这就对项目法人的要求较高，必须能集中精力做好总体的宏观调控。以南水北调工程为例，南水北调东线工程所要通过的河流之多，输水里程之长，设计的参建单位之多，建设管理所遇到的问题之复杂，一般的工程项目管理模式根本不能够适应，因此需要改变传统的项目管理模式，重点做好事关项目全局的决策工作。

2.坚持“小业主、大咨询”的原则

当前我国经济的快速发展推动了各类工程项目建设尤其是水利水电工程

建设的实施，考虑到水利水电类项目建设规模和专业分工的特点，传统的自营建设模式已不能适应这样的情况。项目法人只有利用市场机制对资源的优化配置作用，采用竞争方式选择优秀的建设单位从事相应的工作，唯其如此才能按期、高效和优质完成项目目标。我国历经20多年的建设管理体制改革，在各个方面已然取得了一定的成绩，但是“自营制”模式仍然或多或少地制约着人们的思维，“小业主、大监理”的应用范围并不广泛就是一个明显的例证。因此，水利水电工程的工程项目管理需要摆脱旧模式的影响，按照市场经济的生产组织方式，在项目开展的全部过程中充分依靠社会咨询力量，贯彻“小业主、大咨询”的原则，以提高工程项目管理水平和投资效益，精减项目组织。

3.鼓励工程项目管理创新，与国际惯例接轨

目前，在我国的工程建设项目中，绝大多数的业主都采用建设监理制。在水利水电工程建设的管理上，相关单位需要汲取国际上工程项目管理的先进经验和通行做法，突破传统思维的限制，有所创新，选择项目法人管理工作量小且管理效果好的模式，如CM模式。当然，在条件允许的情况下，也可推行一些设计施工总包模式和施工总包模式的试点。

4.合理分担项目风险的原则

在我国的工程项目管理中，项目的相关风险主要由单一主体予以承担。比如在当前大力推行的建设监理制中，项目法人或业主承担了项目的全部风险，而监理单位基本上不承担任何风险，因此，虽然监理单位和监理工程师是项目管理的主体，但却缺少强烈的责任感。在水利水电工程项目管理模式选择中，应加强风险约束机制的建设，使得项目管理主体承担一定的风险，促进项目法人的意图得到项目管理主体的切实贯彻，以此有效地监管工程的投资、质量和工期。

5.因地制宜，符合我国的具体国情的原则

目前我国形成了以项目法人责任制、建设监理制和招标投标制为基本框架的建设管理体制。但是大多数的建筑单位依然没有摆脱业务能力单一的现状，能够从事设计、施工、咨询等综合业务的智力密集型企业数量很少，具有从事大型工程项目管理资质、总承包管理能力和设计施工总承包能力的独立建筑单位也几乎没有。因此，在水利水电工程项目管理模式选择时，需要

结合我国建筑市场的实际情况，因地制宜，不能生搬硬套国外的模式，应建立一套适于我国国情的项目管理模式。

（三）不同规模水利水电工程项目的模式选择

水电站及其他水利水电工程受工程所处的地形、地质和水文气象条件影响会产生很大的差异，水电站在规模上的差异导致各方面的差异也很大。与中小型水利水电工程相比，大型水利水电工程的工程投资更大、影响更深远、风险更高，因此需要应用更为谨慎、严格、规范的工程管理方式，其采用的工程项目管理模式应与中、小型水利水电项目不尽相同。在大型、特大型水利水电项目开发建设中，应该基于现行主导模式，结合投资主体结构的变化和工程实际，对工程项目的建设管理模式开展大胆的创新和实践，真正创造出既能够与国际管理相接轨，又能够适应我国水电项目建设情况的项目管理模式。我国的中、小水利水电项目投资正逐步地向以企业投资和民间投资为主转变，故中小水利水电项目管理模式的选择与民间投资水电项目管理模式的创新就极为相似，大体上可以采用相同的项目管理模式，将在下文进行论述。

（四）不同投资主体的水利水电工程的模式选择

我国水利水电工程的投资主体大致可分为两种：第一种是以国有投资为主体的水利水电开发企业，第二种是以民间投资参股或控股为特征的混合所有制水利水电开发企业。相对于传统的水电投资企业来说，新型水利水电开发企业以现代公司制为特征，具有比较规范和完善的公司治理结构。目前，大型国有企业的业务主要集中在大中型水利水电项目的开发上，而民间或者混合所有制企业的业务主要集中在开发中小型水利水电项目上。由于具有不同的特点、行为方式和业务范围，这两类投资主体应在项目管理模式的选择上不尽相同。

第一类投资主体应在现有主导模式的基础上，逐步将投资和建设相分离。在专业知识和管理能力达到相当水平的条件下，业主可以组建自己的专业化建设管理公司；当业主自身不能完成工程项目管理任务时，可采用招标或者其他方式选择适于承担该工程项目的管理公司。在国际上出现了将设计和施工加以联合的趋势，因此在开展一些大型或者技术要求复杂、投资量巨大的工程项目时，可以将设计和施工单位组成联合体开展工程总承包，或者对其中的分部分项工程、专业工程开展工程总承包。如果一些大型的企业在经过一段时间的发展壮大后，可以组建相应的具有设计、施工和监理等综合能力的大型公司，以开展整个工程项目的总承包。

对于民间投资参股或控股的投资主体而言，要想求得更好更快的发展，就必须在改革开放的大背景下，加强国际交流，充分吸收国外的项目管理模式的先进经验，并通过自主创新，建立一套适于在我国推广和应用的具有中国特色的水利水电项目管理模式。当这类投资主体具有充足的水电开发专业人才及管理人才，以及相应的技术储备时，可自行组建建设管理机构，充分利用社会现有资源，采用现行主导模式——平行发包模式进行工程项目的开发建设。当项目业主难以组建专业的工程建设管理机构，不能全面有效地对工程项目建设全过程进行控制管理时，可以采取“小业主、大咨询”方式，采用EPC、PM或CM模式等完成项目的开发任务。

第三章 水利水电工程建设与招投标管理

第一节 招投标在建筑工程经济管理中的重要性

招投标是建筑工程的一个重要环节，是衔接甲乙双方的一个重要节点，具有控制工程成本、督促企业提高服务质量等重要意义。

一、建筑工程招投标的定义

建筑工程招投标是指以建筑产品作为商品进行交换的一种交易形式，标的由招标单位进行设定，通过发布招标公告吸引若干个投标单位通过秘密的报价进行公平竞争，招标单位在规定时间内再按照正规程序通过开标、评标后从中选择符合的投标单位进行定标，最终签署合同，完成招投标。

二、建筑工程招投标一般流程

招投标一般分为四个步骤：招标准备阶段、资格预审阶段、招标组织阶段、评定标及谈判签约阶段。招标准备阶段一般是发布招标文件介绍建筑项目的概况；资格预审阶段是筛选及一定的洽谈，挑选符合资格的投标单位进行投标；招标组织阶段是进行开标，开标主要是综合查看各投标公司投标资料。评定标则是在综合投标商的资格、报价、经验、实力等因素后选取中标单位进行定标，最终签署合作合同。①

三、建筑工程招投标建议

第一，加大内部监督管理。针对招标方内部人员，建立招标人招标能力的审查制度并设立监督机制，对于无招标能力招标人应及时更换其他招标代理人进行招标，在招标程序环节，监督招标人按照流程办事。

①郭迪华.水利水电工程施工投标报价的研究[J].质量与市场，2022（09）：160-162.

第二，加强投标单位的资格审查。在实际的招投标中，为了防止恶意串标行为的发生，在投标阶段严格审查投标者的资质、经验、口碑等，充分了解竞标单位管理水平与技术水平，在招标过程中设置工程造价预算的上下限，筛除过高或者过低报价的单位，从而降低招投标中的竞争风险。

第三，建立健全评标标准和评标专家制度。由于目前的一些建筑工程招投标中评标存在不科学性，为了改善这一问题，我们首先应该建立规范的评标体系，应综合考虑报价、技术、资质、投标单位经验、投标单位建立时间、投标单位获奖情况等；其次，严格审核评标专家资质，综合评标体系动态管控各评标专家，这样才能防止不合理的评标结果出现。

四、招投标在建筑工程经济管理中的重要性

第一，有效控制工程成本。在建筑工程中若是指定一家施工方做，则在经济成本上很难控制，而通过正规的招投标，存在有序的市场竞争，可以通过竞争了解市场价格，综合考虑多方面因素后，有利于选出报价最合适的企业，从而控制招标企业经济成本。

第二，有利于保证工程质量。招投标中会收到很多投标企业的资质和信息，以便招标单位更广泛且更好地选出专业、适合的投标单位，这样有利于保证工程的质量。

招投标在建筑工程经济管理中占据十分重要的地位，但是目前建筑工程招投标市场中存在较多问题，只有通过不断地规范企业、规范市场、规范招标企业内部制度、健全风险控制机制等方法才能营造出科学的招投标市场氛围，建立良性的建筑市场。

第二节 水利水电工程设计管理监理

改革开放之初，我国的基本设施建设就开始推行项目法人责任制、招投标制、项目监理制和合同管理制四种制度，但在勘测设计工程项目中，这四种制度就显得十分滞后。全方位地实施设计管理监督是不断促进项目法人责任制的重要措施，对于很好地把握工程设计质量、施工进展情况和施工费用有着非常关键的意义。

自20世纪80年代开始，我国基本设施建设进行了大范围的革新，逐渐从计划经济向市场经济转变，发展到目前为止，我国在水利水电工程等基本工程基本项目中大部分都采用了“四制”。最终的成果证明，科学合理地采用“四制”可以在当前的市场经济大环境下行之有效地保证工程施工质量、施工进展情况，更好地把握工程具体投资问题。因此，对水利水电工程中的设计管理监督进行深入探究是非常必要的。

需要指出的是，目前有的工程基本建设勘察设计在实施“四制”后仍然显得比较落后，最为明显的是勘察设计方面的招投标等体制没有完全地开展起来。究其原因，主要存在三个方面的问题：第一，我国大多数勘察设计部门最早都是以行业来划分单位的，主要是进行条块的分割式经管。在计划经济时期，勘察设计的主要工作通常都是由上一级主管部门下达的。目前，勘察设计已开始从事业单位向企业单位转变，但并不能真正脱离上级部门的指导。第二，我国大部分基本工程设施建设都是由国家投资进行建立的，必须经国家相关部门批准、审核后，才能进行施工创建。不少大型工程中，勘察设计企业会比业主更先介入工程。第三，目前，我国的勘察设计市场相关法律法规及有关制度非常不完善，虽然于1983年颁布了《建设工程勘察设计管理条例》，但是由于我国现有的勘察设计市场发展不完善，相关的勘察设计规范、收费方式、资质管理等规定和条例存在很多与目前经济市场不协调的问题，导致我国的一些基本建设工程特别是大型的工程勘察设计招投标还有较长的一段路要走。

以前，水利水电工程设计方案都是由勘察设计院所设计，水利水电设计总院只需进行严格的审查，并拨发工程设计中相关费用。

当前，水利水电项目实行法人责任制，通常是由项目法人全面承担工程资金筹集、工程建设经管等，可以看出，项目法人需对勘察设计的有关工作进行统一的管理，这样有利于达到水利水电工程在招投标阶段和工程施工阶段的相关要求。为此，项目法人需要凭借外部的力量对工程设计开展科学合理的监督管理及有效性掌控，以便于促使工程设计顺利进行。

近年来，我国水利水电工程项目法人一般都是凭借外来的专业人士或者企业来对工程设计实施管理监督的，现阶段我国水利水电工程管理的形式有两种：第一种是业主自行管理形式。工程设计最初阶段已通过国家有关部门的审查，工程设计管理可以由业主自身设计部门来签署相关合同，并开展工程质量、具体进展情况及工程费用管理。与此同时，从外面邀请专家对工程设计成果进行审查，以保证设计成果的综合质量。第二种是工程前期设计监理形式。工程前期阶段的设计会邀请具备一定水平的设计机构对工程设计合同进行科学的管理，同时对设计水平、工程具体情况和费用等问题进行行之有效的科学性掌控，因专业的设计机构自身具备大量、专业的工程设计人员，担负着工程设计成果的审查责任，相关监理工作者能够对工程整体设计进行有效的管理监督，能够对设计方案有一个较为全面的把握。

水利水电工程设计管理监督，通常是业主单位依赖有关合同委托有关监管部门，对工程设计进行科学严密的监管及掌控，在此过程中，还需针对业主和设计机构相互间的关系进行协调，共同将工程设计工作做好。

水利水电工程的总体质量将直接关乎工程的最终成败，对于水利水电工程设计的科学管理监督，将是大中型水利水电项目工程中一项十分关键性的工作，因水利水电工程自身的独特特征，促使水利水电工程设计工作变得比较复杂。从目前我国水利水电工程设计来看，仍然有许多问题是需要专业设计人员进行深入探究和不断探索的。

水利水电工程实施科学有效的设计管理监督是一项必不可少的重要举措，它能够有效地促使业主对工程勘察设计质量、设计进展情况和工程设计费用等重要问题开展及时科学的控制，唯有如此，才能够更好地去贯彻。总而言之，在水利水电工程中进行行之有效的设计管理监督是非常必要的，其能够很好地推动业主有效地对工程设计质量、设计进度和设计费用开展行之有效的严格掌控，同时对工程设计水平进行准确的评估和把关。水利水电工程设计管理监督将直接影响整个工程的总体质量及建设之后的使用情况，所以，水利水电工程设计管理监督是一项需要不断深入探究的重要课题。

第三节 水电工程施工项目的工程变更管理

在竞争激烈的工程招投标市场环境中，施工企业很难以较高的投标报价中标，往往是通过微利甚至成本价中标。在物价持续上涨、施工行业产能相对过剩的大背景下，低价中标会使企业经营压力增大，风险不断攀升。如何才能在当前的市场环境中改善困局、提升效益，让施工企业得以生存和发展？工程变更便是有效的手段之一，只有在工程变更中寻求经营突破，才能实现盈利。本节结合工程实际，对施工项目工程变更管理进行浅析。

所谓工程变更，是指在工程项目实施过程中，按照合同约定的程序，监理人根据工程需要下达指令，对招标文件中的原设计或经监理人批准的施工方案，在材料、工艺、功能、功效、尺寸、技术指标、工程数量及施工方法等任一方面的改变。因此，工程变更是一项系统性的工作，包含工程地质、水文、合同、市场价格、法律、保险等工程建设过程中的各个方面。若要保证施工项目的最终变更效果，需要结合工程实际，对合同条件进行系统分析，预判工程进展、有利因素与不利因素、工程变更机会等，对存在可能变更的项目进行总体策划，厘清变更思路，从长计议，通过高效履约与业主建立良好的关系，在施工过程中有意识地促成变更事件按照事先预定的、有利于承包商的方向发展。

一、未雨绸缪，认真研究、分析合同，挖掘、发现变更的机会，形成变更策划战略

第一，分析合同，对比条件变化，把握变更方向。从工程变更的定义可以看出，变更是相对于合同而言的，是基于合同变化比较的结果。因此，若要做好变更策划，就必须深入研究合同，分析合同条件、施工图纸、现场实际情况的变化，了解工程的功能和设计意图，挖掘、发现变更的机会，提出初步的工程变更设想。

第二，结合招投标文件及现场实际情况，认真研究并分析合同。对比现

场实际情况及发包人提供的条件，初步判断哪些部位、哪些项目将来可能会变更，哪些地方存在有利变更的机会。

第三，对施工图进行全面核实，计算设计工程量。安排测量人员对现场原始地貌进行测量，结合现场情况计算实际工程量，分析设计工程量与现场实际工程量可能存在的差异与变化。

第四，分析合同单价，以单价中漏项或价格较低的项目作为分析对象，针对单价较低的项目，可以结合合同条件，预判通过结构、施工方法、施工工艺流程等变更达到合同单价变更的可能性。

第五，了解各方关注的问题，定位变更性质。按照工程建设过程中参建各方的工作任务、目的及关心的问题，对工程变更意向进行以下分类：①业主原因变更，工程规模、使用功能、工艺流程、质量标准的变化，以及工期改变等合同内容的调整；②设计原因变更，设计错漏、设计调整、自然因素（地质条件变化）及其他因素而进行的设计改变等；③监理原因变更，监理工程师出于工程协调和对工程目标控制的考虑而提出的施工工艺、施工顺序变更；④施工原因变更，因施工质量或安全需要变更施工方法、作业顺序和施工工艺等。

通过以上对比分析，重点抓住施工条件变化、工程量变化、合同单价劣势项目，形成工程变更策划任务清单，最终形成思路统一、目标明确、措施得当的工程变更策划方案，以此来指导对具体部位、具体项目的变更工作。[①]

二、运用策划思路，灵活使用工程变更战术

（一）以良好的合同履约为工程变更创造条件

市场经济的一个显著特征就是以契约为基础的信用经济。在目前的工程建设市场环境下，施工单位处于建筑行业产业链的末端，在工程变更中的话语权相对较低。若要改变这一现状，必须通过良好的合同履约，以工程进度、质量、安全目标按期实现来打动业主，赢得投资人的信任，为变更方案的实施创造条件。

①何萌.水利水电工程合同管理中索赔变更存在的风险[J].水利技术监督，2022（08）：101-103.

（二）以业主对投资的关切为突破，主动寻求变更

在一个项目施工过程中，由于工程地质、水文地质条件等因素的影响，设计深度往往受到限制，不可能将所有的未知因素考虑得面面俱到，因此，也就给项目变更提供了可乘之机。施工项目管理团队在充分认识、了解项目设计深度和设计意图后，根据自身经验，分析并抓住业主关心和急于解决的问题，以利于工程功能、利于工期、利于其他业主关切为由，提出工程变更，在满足业主需要的同时，实现变更增效的目的。

如某水电工程，在设计出具的施工蓝图中，规划有一个面积约3万平方米的露天堆料场。在工程开工前，通过设计图纸进行分析，发现按照设计图纸完成开挖后，将在其外侧靠坝顶公路位置形成一个孤立的小山体（土石方量约28万立方米），不但影响整个堆料场的有效使用面积，同时还存在滑坡、滚石等安全隐患。孤立小山体内部设计有排水洞，外部坡表有锚杆、喷支护等措施以防止山体滑移，施工难度较大，为此，项目部提出对孤立小山体进行挖除的变更建议。其挖除的理由包括：一是出于工程安全考虑，剩余孤立小山体在大面开挖震动后，很难保证山体稳定，存在滑坡等安全隐患。二是整体挖除后可以加大堆料场的面积。三是出于施工进度考虑，在小山体中开挖排水洞施工难度较大，若大面积一次挖除，可以降低施工难度，节约工期。四是挖除小山体增加的投资额很小，仅增加约60万元（按设计蓝图施工支护及排水洞原投资费用约为331万元，挖除发生的工程费用约为391万元）。以上几点理由博得了业主、设计的认可，最终同意通过设计变更，将小山体挖除。

值得一提的是，合同中土石方开挖单价利润空间较大，且增加了28万立方米的开挖量，增加了施工方的规模效益。边坡喷锚支护以及排水洞施工单价较低，若按照原设计方案施工，不但施工成本较高、施工难度大、工期长，而且还存在工程安全隐患。因此，挖除小山体的建议方案既解决了业主堆料场地不足的燃眉之急，降低了安全风险，同时还变更了价格又有利于施工单位。

（三）以工期为筹码，促进变更方案的落地

项目管理团队要对施工项目可能存在的变化方案与业主关注的重心结合起来，从整体上把握项目施工方案变化趋势，进而提出施工方案变更，使其在施工过程中的不同阶段，沿着承包商预期的目标和方向变化。

例如，某水电工程排水洞洞挖断面约24平方米，共4条，总体洞挖长度为6320米，其中最长的一条排水洞为2130米，通风散烟困难，又是施工工期上的关键线路，在投标阶段，排水洞的通风方案为轴流式通风机长距离送风。工程开工前，项目部通过对合同条件、施工图纸及现场的实际情况深入了解后发现，该排水洞由于洞身长，开挖坡度向上，施工期间若采用轴流通风机直接排烟，不但施工成本高，而且会由于通风散烟时间长而影响施工进度。因此，项目部拟定对该通风散烟方案进行变更。

通过查阅排水洞设计图纸发现，排水洞的中心位置正好处于两个山谷的谷底相对开阔地段。在该部位，排水洞洞顶与地面的厚度约为47米，若在此部位采用反井钻机打一个垂直通风井，既可以解决排水洞的施工通风散烟问题，又增加了施工作业面，进而解决了工期问题。在充分论证后，经过与设计、业主的沟通，变更方案得以实施。通过对比，采用通风竖井散烟方案，比原轴流风机通风散烟方案仅开挖期间的电费就可节约20万元，工期可以缩短45天。对于业主而言，可能增加了少量的投资，但其最关心的工期问题得以解决，故业主同意变更。

（四）拓宽思路，变换视角解决工程变更

在工程变更处理过程中，由于掌握的信息有限，往往会遇到“山重水复疑无路”的局面，在此情形下，一定要集思广益，拓宽思路，换个角度看问题便会取得更好的效果。

某水电工程项目在施工过程中，业主将拱桥结构的缆机基础采用合同新增变更项目的方式交由施工单位实施，在变更报价时，施工单位通过对合同变更报价原则及定额水平进行分析，发现采用公路定额报价要高于其他定额，但一直无法找到采用公路定额报价合适的理由来说服业主。正当大家准备放弃采用公路定额报价的时候，无意间发现缆机基础拱桥设计蓝图是使用公路规范设计的，于是，施工单位果断决定，采用公路定额进行报价，并以规范不同定额为由，成功地获得了业主单位的变更批复。

三、总结经验，形成案例库

（一）经验来自实践活动

当一个施工项目完工后，要对工程变更的成败进行总结，形成变更经验的沉淀，促进施工企业工程变更管理水平的不断提高。实践证明，通过总结活动，既能使总结者充实感性知识，对工程变更思路进行重新认识并开阔视野，又能让好的经验、做法得以传承，形成企业的管理文化。

（二）对比变更策划，总结成败

项目完工后，通过对工程变更最终实施效果与变更策划的对比，审视变更策划的落实情况，分析差异产生的原因，同时将总结经验成果向市场营销团队反馈，以促进市场营销与工程变更管理有机结合的良性循环。

（三）形成工程变更案例库

对有代表性的典型工程变更，按照一定的格式，通过定性定量分析，整理变更思路、总结经验，通过资料收集，形成典型工程变更案例分析库。

工程变更是项目建设过程中的一个重要环节，施工单位在处理工程变更时，首先，要结合项目的特点、合同条件，抓住本质，做好工程变更的谋篇布局，以各方关切为重点寻求主动变更机会。其次，要抓住项目实施过程中的关键环节，拓宽思路，促使变更策划内容落地，改善外部经营环境。最后，要总结经验、吸取教训，建成典型工程变更案例库，并形成信息反馈机制，助推项目整体工程质量的提高，改变不利的施工困局。

第四章 水利水电工程建设与合同管理

第一节 水利水电工程合同管理存在的不足

随着社会经济的不断发展，项目管理中的合同管理越来越受到人们的重视。水利水电工程是人们生产生活中最基础的项目，在工程实施的过程中，必须根据合同的相关内容及要求，严格把控工程质量。合同可以保护双方应有的权利，要在规定的时间内行使各自权利，确保顺利完成合同约定的义务，只有设定合同，才能促进水利水电的未来发展。因此，水利水电合同在整个工程中具有重要的作用，这不仅保证了工程的完整性，而且还提高了企业的经济效益。

一、水利水电工程建设施工合同管理的重要性

有利于提高水利水电工程施工的规范性。水利水电工程关系到人们的生产生活，使得社会经济效益得到了明显的提高。在工程施工过程中，只有和工程相关的合同方签订合同，才能有效地相互约束。施工合同不仅能起到很好的监督管理效果，而且还能够保证施工的正常进行。比如说，在施工的过程中水利水电的工程施工合同会明确各方的权利和义务，包括施工方、业主方和监理方，如果三方中的一方没有按照合同要求及规范进行，并且在某种程度上损害了其他方的利益，那么，其他方就会拿起法律的武器保护自身利益。因此，为了水利水电工程项目能够有序地进行，就要不断地加强合同管理工作，促使水利水电工程更加规范。

有利于确保水利水电工程履约。影响水利水电工程建设施工的因素比较多，如区域、气候和环境等自然因素，这些影响因素没有预见性，使得正常履行合同内容受到了阻碍，不仅增加了施工难度，还会出现一系列纠纷，造成矛盾。因此，水利水电建设工程施工中要加强合同管理工作，确保合同的规范性、合理性，严格审核合同相关内容，不可出现任何的纰漏。在合同有

效期内，如果有合同方违背了合同规范，就可以根据合同管理内容对其约束，情节严重的就可以通过法律途径来维护自身权益。[①]

二、水利水电工程合同管理中存在的问题

（一）各部门之间的合作意识淡薄

通常情况下，工程量大和周期长是水利水电工程建设项目的特点，在建设工作中会涉及各个部门。目前，各个企业在合同管理上都存在一定的弊端，尤其是各个部门之间的合作意识相当淡薄，因此要根据工程项目的实际情况对企业员工进行培训和指导，以提高其合作意识和协作意识，使各个部门之间保持良好的合作关系。当然，合同也是整个工程项目建设的主要目标，包含各种信息资料，只要各方对合同管理具有一定的认识，及时做好反馈工作，就能避免出现一些对工程不利的事件。

（二）信用制度不健全

从整体上来看，在建设水利水电工程项目的过程中，必须确保招标流程的规范性，如果其中一方所提供的信息和资料不完整，这不仅会耽误整个项目的进度，还会使合同管理的质量受到影响。就传统的工程项目来讲，在水利水电工程的信用制度方面还不够完善，存在的问题比较多，使工程前期没有规范的法律依据，不管是工程的质量还是施工进度都造成了严重的影响。如果在紧急的建设工程项目中，完全没有按照合同规定进行，一定会存在延误工期的现象，严重威胁了水利水电的建设发展，甚至会对生命和财产造成损失。

（三）合同签订不规范

投资水利水电工程建设需要大量的资金，受不同地区和环境的影响，水利水电工程的特征也不相同。为了使工程项目能够顺利开展，就要严格按照合同条款办事，在招投标和签订合同的过程中，双方必须具备一定的相关专业知识和经验，避免合同条款出现一些内容不全面、条例不明确、职责划分不清楚等现象，合同签订是否规范，对于水利水电工程项目能否顺利开展将会产生直接的影响。

①唐涛．水利水电工程[M]．北京：中国建材工业出版社，2020．

三、水利水电工程合同管理改进对策

（一）合理选择合同类型

在建设施工过程中，水利水电工程占有重要地位，不同的地区有着不同的合同类型，比如，总价合同和单价合同都是按照不同的计价方式来实现的。总价合同就是按照工程项目的招标要求，把施工过程中的工程量和图纸进行计算施工总价，全面分析承包方的要求和各种不可抗力的因素，从而得到施工总价。而单价合同是在招标的过程中不确定工程量和图纸，不能使用总价合同，那么在签订的过程中必须依照工程单价和设计图纸计算进行报价，投标方要根据招标方给出的工程量与设计图，运用科学合理的技术方案和要求对工程量清单进行编制。

（二）完善合同法律法规及合同审查机制

所有的合同都具有一定的法律效力，只有满足了工程的各项内容在法律上的规范要求，才能保证水利水电工程合同管理的有效性。由此可见，要根据实际工程施工的综合情况，制定一套完善的管理体系，规范各项制度，按照法律程序和文本签订施工合同，保证合同条款的严谨性。

（三）变更索赔

有很多的不可控因素随时存在于水利水电工程建设中，包括自然灾害和设计变动等因素。虽然合同中有明确规定，但是遇到不可控因素时仍然会发生变更索赔。这种情况的发生，对合同双方都会造成一定的影响，因此，如果合同发生了变更，就要做好现场签证工作，并且及时调整方案。

（四）合同信息管理

现代社会正处于信息化时代，在合同管理方面也要顺应时代的发展潮流，确保合同进行信息化和自动化管理。尽管合同管理是水利水电工程建设的重要依据，但是工程建设中还要对合同文件管理加大力度，运用信息共享和传输的方法，提高施工方、建设方和监理方信息的传达速度，使相关的文件资料制定得更加详细具体。在资料分类的过程中，要根据不同的信息类型和特点选择不同的栏目，同时提高合同的有效性。

如今，社会趋于信息化，社会经济得到了迅速的发展，水利水电工程建设项目也越来越多，为人们的生产生活带来了方便。合同在水利工程建设的过程中提供了重要的依据，有效地约束各方履行自身义务，防止工程质量问题的出现。因此，在确保工程整体质量的同时还要不断地完善合同管理制度，提高技术人员的专业技能，合理分析存在的问题并及时解决。

第二节 水利水电工程施工的合同管理

在水利水电工程施工过程中，合同管理是工程项目建设管理的重要组成部分。随着我国市场经济的高速发展，我国在水利水电工程建设施工合同管理方面也存在着许多问题，本节重点分析水利水电施工合同管理的概念及作用，并提出建议。

一、水利水电施工合同管理的概念

合同管理是建设工程项目的重要内容之一。水利水电施工合同管理是指各级市场监督管理机关、水行政主管部门以及工程各参与方，包括发包人（建设单位）、监理单位、勘察设计单位、施工单位、材料设备供应单位等，依据合同、法律法规、规章制度、技术标准等，对合同关系进行组织、指导、协调及监督，以保护合同当事人的合法权益，防止违约行为，保障合同按约定履行。它既包括各级市场监督管理机关、水行政主管部门对水利水电工程合同进行宏观管理，也包括合同当事人对合同进行微观管理。

二、水利水电施工合同管理的作用

施工合同作为约束发包方和承包方权利和义务的依据。合同管理的作用主要体现在以下几个方面：一是促使施工合同的双方在平等、诚信的基础上依法签订切实可行的合同；二是有利于合同双方在合同执行过程中进行相互监督，以确保合同顺利实施；三是合同中明确地规定了双方具体的权利与义务，通过合同管理确保合同双方严格执行；四是通过合同管理，增强合同双方履行合同的自觉性，调动建设各方的积极性，使合同双方自觉遵守法律规定，共同维护当事双方的合法权益。

在水利水电项目建设中，施工过程的每个阶段都贯穿了合同管理工作，合同管理是项目管理的核心，作为其他项目管理工作的指南，对整个水利水电工程建设的实施起总控制与总保证的作用。

三、水利水电施工合同管理的特点

（一）水利水电施工合同管理持续时间长

合同的形成是一个循序渐进的过程，合同的履行是一个持续的过程，因此，水利水电施工合同管理必然在项目生命周期内长时间连续地进行。它不仅包括施工期，而且包括招标投标和合同谈判以及保修期，因此一般至少1年，长的可达5年或更长的时间。

（二）水利水电施工合同管理必须实行动态管理

由于合同的形成和履行是一个逐步磨合的过程，尤其是在合同履行过程中内外的干扰事件多，合同变更也较多，合同实施必须按变化了的情况不断调整，这要求合同管理必须是动态的。因此，在水利水电施工合同实施过程中，合同控制和合同变更管理显得极为重要。

（三）水利水电施工合同管理影响因素多、风险大

现代工程项目的复杂性，使合同关系越来越复杂、合同条件越来越复杂、合同对权利和义务的定义越来越复杂、合同实施过程越来越复杂，要完整地履行一个合同，必须完成几百个甚至几千个相关的合同事件。此外，水利水电工程实施时间长、涉及面广，合同管理受外界环境的影响大，并且许多因素难以预测，不能控制，这些都会妨碍合同的正常实施，造成经济损失。因此，影响合同管理的因素既存在于项目本身的微观环境，也存在于项目的外部宏观环境；既涉及合同的当事人双方，也牵扯第三方。这样大量、复杂因素的存在，使合同管理极为复杂、烦琐，也充满风险。因此，在合同形成和执行过程中，合同风险管理至为重要。

四、加强水利水电施工合同管理的建议

（一）增强合同风险防范意识，依法进行合同管理

在工程承包施工中，没有风险的合同是绝对没有的，水利水电施工工程更为甚之。过去，水利水电施工企业在合同谈判和签订中，由于合同风险防范意识不强，而对合同条款分析、审核不严，掉入一些合同陷阱，给企业造成了难以挽回的损失。因此，务必增强合同风险防范意识。

目前，我国建设行业法律法规越来越完备，尤其是招标投标法、合同法的颁布实施，对工程招标及合同管理提出了具体要求，各行各业也根据国家法律制定了有关条例。因此，合同当事人在签订合同时应当认真阅读有关法律法规，并对所签合同的标的、计量标准、质量要求、价款支付方式、合同履行期限、地点、违约责任以及合同条文的释疑等内容，应做出明确具体的解释，避免出现歧义，增强合同的严密性和可操作性。

（二）增强合同履约过程控制意识，督促合同双方自觉履行合同

合同一旦正式签订，双方就要全面地、实际地履行合同规定的条款。这不仅是合同履行的基本原则，也是当事人双方全面地、实际履行合同中的约定义务。在合同执行过程中，承包商应正确地全面履行义务，关键是要认真组织实施执行。

水利水电工程涉及勘测设计、工程建设、咨询等方方面面，合同种类繁多，数量较大，建立合理清晰的合同管理台账尤为重要。由计划合同处建立以合同编号为核心的管理台账，通过台账既可以随时掌握某工程合同的执行情况，还可以时时掌握整个工程概算执行情况，为工程控制提供实时资料。

在合同执行过程中，主管部门及建设单位应定期检查合同执行情况，并建立完善的合同检查考核制度。对合同执行过程中出现的偏差问题，认真进行分析、纠正，对随意违反合同条款的行为要认真查处，使合同管理步入正规化、规范化管理渠道，防止因合同违规而造成不良的后果。

（三）提高合同管理人员的素质

一切管理工作皆以人为本，施工合同管理没有合同管理人员和全员的参与、主动配合就无从谈起，合同管理人员能动性的发挥和素质的高低极大地制约着合同管理的绩效。如何将两者有效地结合起来，最大限度地发挥人的主观能动性，降低企业成本，使企业利益最大化，是施工项目合同管理中的重要课题。过去一部分合同管理人员综合素质低，缺乏必要的理论知识、实践经验和管理能力，管理知识、技术水平未达到应有的要求，是制约合同管理水平提高的重要因素，加之企业对项目合同管理重视不够，致使项目合同管理处于较低水平。为此，首先，要求项目经理要有较高的综合素质，他不但应有较高的政治素质、领导素质、身体素质，还应具备一定的专业素质和实践经验，要高度重视、熟悉、了解合同条款和执行情况，要能够把握索赔时机。其次，合同管理人员应积极参与合同管理，从投标报价开始、直到合同终止的全过程对项目进行预测、计划、分析、核算和控制，建成施工项目合同管理的一整套网络体系，进而进行全过程管理。

选择好的监理队伍是做好合同管理的重要保证。监理工程师是联系建设方和承包方的重要纽带，在合同管理中起着举足轻重的作用，高素质的监理工程师能够公平、诚信地处理合同执行过程中遇到的实际问题，对工程项目实施有较好的预见性，给工程建设创造一个宽松良好的环境，可以确保工程建设顺利实施。

第三节 水利水电工程项目监理中的合同管理

在水利水电工程施工监理过程中，监理单位通常以质量、进度、投资三条控制主线开展监理工作，通常忽视作为管理基础和核心的合同管理工作，因而容易出现管理疏漏、失误，给合同各方造成不必要的损失。

水利水电工程通常具有投资大、工期长、施工复杂等特点，施工监理单位作为受托对项目进行管理的机构，主要依据发、承包双方签订的施工合同对工程项目进行质量、进度、投资等方面的控制，整个监理过程均应以合同管理为核心进行。然而，在实践中，监理机构通常以质量控制、进度控制和投资控制三条主线为核心目标开展现场监理工作，往往忽视基本、核心的合同管理工作。

监理过程中的施工合同管理是指监理单位作为独立的第三方，遵循法律、法规及规章，以发、承包双方签订的施工合同为依据，对施工合同关系进行组织、指导、协调及监督，保障施工合同双方当事人的合法权益，处理施工合同纠纷，防止和减少违约行为，保证工程项目按照合同约定贯彻实施一系列活动。

合同管理贯穿水利水电工程建设的全过程，是指导工程参建各方开展工程建设活动的基础和指南。广义而言，工程项目的全部实施和管理工作都可以纳入合同管理的范畴，其中，质量、进度、投资“三控制”是合同管理的主要内容，但不是全部内容。形象地说，质量、进度、投资“三控制”为“线”，而合同管理为“面”，是工程项目监理工作的基础和核心。在工程施工监理过程中，重“线”而轻“面”，极易出现管理疏漏、失误，甚至损害合同当事人的合法权益，给合同当事人造成不必要的损失。[①]

一、水利水电工程监理合同管理的重要性

施工合同是建设单位和施工单位签订的具有法律效力的重要文件，是水利水电工程的主要合同，是水利水电工程建设质量控制、进度控制、投资控制的主要依据，是明确发、承包双方在工程实施中的权利和义务，确定工期、质量目标及承包价格等的书面文件，在合同履行过程中对整个项目的实施起着总控制和总保证作用。因此，合同管理必然是工程监理工作的核心。离开合同就没有工程质量，也没有对进度与投资的管理。因此，建立以合同管理为核心的工程监理体系，是提高项目管理水平的重要途径。

二、水利水电工程监理合同管理的主要内容

根据时间顺序，监理过程中合同管理工作主要分为施工准备和施工实施两个阶段。

在施工准备阶段，监理单位应参与施工合同的制定和谈判，并依据合同约定对开工前承包人的施工准备情况、质量保证体系、进场施工设备、试验室条件进行检查，审批施工组织设计等技术方案和施工图纸的核查与签发等。同时，还应熟悉监理合同和施工合同等工程建设有关文件，充分了解自身的权利和义务，严格按照合同文件的规定解决问题。

在施工实施阶段，监理单位的主要工作为质量、进度、投资控制，工程计量、计价、工程款支付审核，以及对工程施工过程中发生的各类违约、变更、索赔等进行审核处理并组织工程验收、结算等工作。

三、对做好水利水电工程监理合同管理工作的建议

合同管理工作的好坏直接影响着投资、进度、质量控制，是水利水电工程监理方法体系中不可分割的组成部分。监理单位要做好合同管理，应当注意以下几个方面的问题。

①薄琳琳．水利工程合同管理的全过程管理分析[J]. 建材与装饰，2020（16）：142+144.

（一）建立健全现场监理机构，配备相应合同管理人员

要做好现场监理工作，首要条件是建立和健全现场监理机构，除了根据工程实际情况足额配备相应的专业监理工程师外，还应配备具有相应法律知识、高素质的合同管理人员，同时建立健全相关的规章制度。合同管理人员应当对建设工程合同实施登记、审查等监督管理。尤其是针对实施过程中出现的合同无台账的普遍问题，应加强改进，必须建立合同台账，并对台账进行定期的统计和检查。

（二）积极参与施工招标文件编制和施工合同谈判

监理单位积极参与施工招标文件编制和施工合同谈判，对了解签订合同双方和合同内容都有好处，也为今后的合同管理奠定了良好的基础，是掌握合同管理的最好办法。施工招标应当具备的条件之一为监理单位已确定，因此，监理单位有条件也有义务参与工程施工招标和合同谈判活动。监理单位是具备相应资质，专业且有相应经验的单位，在前期积极参加招标文件编制和合同制订、谈判，尽可能减少合同内容错、漏，力求合同全面、准确、严密并具有可操作性，既有利于合同的执行，又有利于监理单位实施合同管理，更可进一步减少合同履行过程中的纠纷和争端。

（三）增强法律与合同意识，熟悉和理解合同内容

根据有关规定，当合同内容与国家法律、法规相抵触时，应以法律和法规为准，即法律和法规效力高于合同。因此，增强监理人员的法律意识，学习并理解相关法律、法规，掌握法律、法规与合同之间的关系，是做好合同管理的基础。

熟悉掌握并充分理解合同条款，这是监理工程师开展合同管理工作的前提。对合同不熟悉或理解不够透彻往往会严重影响监理工作质量，甚至致使监理工作陷入被动局面。因此，在现场监理机构成立后，应尽快组织监理人员认真学习、熟悉相关合同，并充分了解合同双方的责任和义务，认真分析合同内容风险，为全面开展监理工作作好充分的准备。

此外，由于施工合同涉及内容较多，无论合同制定得多么详细，都不可能全面预见和解决工程建设过程中出现的所有问题。在合同谈判、签订阶段难免会出现疏漏、错误、不完善或者容易产生歧义的地方，在合同执行过程中如发现上述问题，监理单位应及时提醒和告知合同双方，及时对存在的合

同问题进行研究分析，并促成合同双方通过补充协议或会议纪要等形式予以完善和补充，尽量避免和减少日后出现不必要的争议和纠纷。

（四）严格执行合同，督促和协调合同各方履行义务

监理与业主虽然是委托与被委托的关系，但其身份应为“独立、公正的第三方”。在监理活动中，监理单位应站在公正的立场，运用自己的专业知识与技能，科学地分析和处理施工中出现的问题，做到以法律为准绳、以合同为依据，根据监理合同赋予的权力，率先垂范、不偏不倚，在不违背国家法律、法规和合同的基础上，独立、公正地提出处理意见和决定，严格按合同约定处理工程监理事务。

水利水电工程建设合同详细规定了双方所承担的责任、权利和义务，明确了合同双方的法律和经济关系。在合同履行过程中，合同双方都有权利用合同来维护自己正当合理的经济利益。在合同双方发生纠纷和争端时，可以通过协商、调解、仲裁等方式解决，然而无论采用何种方式，都必须以合同规定的有关条款为依据。监理单位在工程建设过程中，应起到沟通桥梁的作用，督促和协调合同各方严格依据合同履行各自应尽的义务。

（五）及时、谨慎、正确处理变更、违约和索赔事项

由于水利水电工程施工工期长、地质情况复杂、施工条件多变，施工过程的动态规律必然会出现因设计调整、施工工序和方法改变、设备与材料价格波动等原因造成的一系列合同变更。合同项目变更往往会引起合同双方的争议，因此，监理单位应特别谨慎地对待合同变更问题。在变更情况发生后，监理单位应及时对变更事项进行审核认定，并督促施工单位及时对变更项目进行申报，同时做好变更基础资料的收集准备工作，按照合同约定原则及时审核处理变更事项。避免因申报、审核超过时效，原始依据收集不足难以溯源等原因带来不必要的争议和造成各方损失。

（六）违约和索赔处理是工程合同管理的重要内容之一

在工程建设中，合同双方的经济利益目标是不同的，业主单位希望尽可能用更省的投资完成工程建设，而施工单位则会利用一切机会获得尽可能多的报酬。尽管在国内水利水电工程建设中发生的工程索赔行为并不多见，遇到索赔事宜，合同双方首先会考虑运用友好协商的办法，然而基于维护己方利益，当协商不成后，作为最后的减少风险损失的手段，也会选择索赔。当索赔事项发生时，监理单位应该认真对待，不回避、不推迟，严格按照合同约定条款，有理有据对索赔事项进行分析和判断，并及时做出审核意见。无论是发包方还是承包方的索赔，监理工程师都应该本着公平、公正、独立的原则予以处理。

（七）加强监理队伍自身建设，不断提高业务水平

建设监理制已经成为工程建设的基本制度，法律赋予了监理工程师对工程项目施工进行质量、进度和投资控制及合同管理的职责。同时，工程建设监理本身也是一种委托服务的合同关系，能否服务好工程建设，能否让施工合同双方都满意，除了有一个良好宽松的社会环境，还必须有规范和过硬的业务能力，否则监理单位难以在工程实施中树立威信，也难以让施工合同双方满意，更难以承担起法律赋予的建设监理的责任。因此，加强监理队伍自身建设必须从监理人员的思想素质、专业素质、道德水平等方面进行全方位的培养和锻炼，这样才能够真正规范监理行为，才能够管理好合同，服务好工程建设。

合同管理是监理的重要任务，是质量、进度、投资控制及其他管理工作的基础和核心。在工程监理过程中，监理单位应牢固树立合同的法治观念，加强建设工程项目的合同管理，严格遵循合同约定，依法、依规、科学有序地开展监理工作，这样才能确保工程在质量、进度、投资受控的情况下顺利实现工程项目的建设目标。

第四节 水利水电工程施工合同中的索赔管理

本节首先对工程索赔的内涵和引起工程索赔的原因进行简单介绍，然后提出了降低水利水电工程施工合同索赔风险的有效措施，以期能够提高水利水电工程施工合同的索赔管理，达到降低风险损失的目的。

一、工程索赔的相关理论概述

（一）工程索赔的内涵

所谓工程索赔，就是工程承包当事人由于另一方没有按照合同要求而导致当事人因为承担风险而遭受了损失，并向违反合同的一方提出索赔来弥补损失的一种维护自身利益的行为。实际上，索赔是双向的，需要双方的参与。通常情况下，我们所说的索赔是指工程的承包人在施工过程中，由于外界原因而对工程预期的时间、费用等造成一定影响，进而要求补偿损失的一种要求，表明了一种权利责任关系。

导致工程索赔的因素很多，因此，按照不同的标准，可以将工程索赔分为不同的类别。例如，如果以工程合同的索赔依据为标准，可以将工程索赔分为两类，即合同中规定的索赔和合同中标明的索赔；如果以工程索赔的目的为分类标准，可以将其分为工期索赔和费用索赔；如果以工程索赔事件的性质为标准，可以将工程索赔分为工程变更索赔、加速索赔和意外索赔等。

在工程建设过程中，意外时有发生，而且意外的形式更是多种多样，所以，这些事件是不是属于索赔范畴还很难确定，因为有时索赔事件的发生会引起变更。例如，工程设计需要增加或者减少工程量，就会对原有合同规定的工期产生影响。即使增加或减少的工程量也按照合同上的规定而进行支付，工程的承包者也可以提出延长或者缩短工期，也就意味着产生了工程索赔。还有，上面列举事件，若是要求工程工期不发生变化，那么承包者可以因为增加的工程投入而提出弥补成本损失。再如，工程设计的变化会导致工程量的变化，所以承包者就会因为工期、利润、设备成本增加等原因提出索赔问题，而索赔问题往往都伴随着风险，因此，在进行工程索赔时需要对风险进行分析。

（二）引起工程索赔的原因

工程索赔的原因主要包括两类，即外界因素和自身因素。其中外界因素主要是由自然因素和政治因素引起的，如暴风、洪水、地震和战争等一些不可抗力因素。而自身因素则是指由工程引起的因素，如工程图纸设计的精确度、工程量的变化、双方违反合同中所规定的应该承担的义务和责任、业主在施工过程中提出的要求、工程建设需要的搬迁、工程进度未按照工期完成、工程质量不符合标准以及其他的违反合同事件等。

二、水利水电工程施工合同的索赔管理

合同双方在水利水电工程施工合同管理的各个阶段都要时刻注意索赔风险，尤其是综合性的风险，为了有效降低风险程度，降低工程索赔的发生概

率，可以在工程合同的索赔管理中采取以下措施。[①]

（一）时时关注工程质量，根除由工程质量所带来的索赔

工程量的变更能够反映出工程量的质量，因此，在进行工程设计时要严格谨慎，这也是对工程设计的变更量进行控制的有效手段。由于时间的问题会影响工程的勘察，设计人员也以此为依据进行工程设计，将会给工程的设计质量造成重大影响。如果时间紧迫，会影响工程设计的严密性，各方之间也会缺乏协调，因此在设计时也会出现误差，对设计的反复修改会增加工程量和工程投资成本，以致无法按照合同所规定的工期竣工，进而出现工程索赔。

遇到这种情况，可以采取以下措施解决问题：首先，对工程设计进行招标，中标后双方签署合同，确认双方的义务和责任；其次，为工程勘察提供充足的时间，以免因为时间紧迫而影响勘察结果；再次，选取最佳设计方案，并优化工程建设的管理；最后，工程业主单位与设计人员签订合同后提供设计图，并安排工程建设、制定各种建设制度和管理方法。

通过招标的方式选取设计单位，可以设计出最佳的设计方案，同时最佳设计单位会预算出合理的报价，并且具有高素质、高技术的设计人员，可以极大地降低工程量的修改和变更。同时，为了提高设计人员的积极性，可以在一定程度上给予他们适当的压力和奖励，在奖惩合理的环境中，提高他们的工作效率，对水利水电工程的施工质量、工期和成本节约都具有重大意义。

（二）编制好招标文件

由于工程索赔的依据就是业主与中标单位签订的招标文件，因此，为了保证工程质量，要仔细审查招标文件的内容，尤其是招标价格、商务条款等都要按照标准进行编制。因为招标文件是工程合同的重要组成部分，同时也是业主与投标人之间承诺的证明，所以，一旦招标文件中的内容出现了缺漏，容易出现引人误解的情况，会很容易引起双方的合同纠纷。特别是对工程量大的工程来说，例如水利水电工程，建设承包不可能仅仅一家，业主会选择多家来完成工程建设，就会将合同细化为几个标段进行招标，因此，要

①王青.水利水电工程合同管理中变更索赔的风险控制[J].工程技术研究，2020，5（14）：200-201.

对标段的划分进行科学的选择，以便各个标段的招标和建设不会出现干扰的现象，同时也不会因为不同标段的材料供应出现增值税。

遇到这种情况时，首先，可以给招标文件的编制人员一个合理的时间，同时合同的条款要符合合同法的规定，并将编制后的合同法给专家审核，以确保合同无误；其次，对标段进行科学、合理的划分，确保它们之间的相对独立性；最后，保证产品的各个工序由一个统一的建设者来完成。

（三）通过保险的方式来降低风险给工程带来的损失

在合同中规定合同签订者各自的权利和义务，同时也明确双方的预期风险，特别是在工程施工过程中所遇到的不可抗力的因素，例如，暴风、洪水、战争等，都是不可抗力的，这些风险给工程带来的损失都是无法预测的，所以，为了有效地降低风险损失，可以根据合同的规定给工程投险，通过这种方式将风险给工程带来的损失转移给保险公司。

总之，水利水电工程施工合同的索赔是不可避免的，我们只能科学地进行索赔管理，有效地降低工程索赔的发生概率，并及时地采取措施来降低索赔损失，对工程风险进行预测，有效控制风险，进而达到减少风险损失的目的。

第五节 水利水电建筑工程招投标阶段合同管理

合同管理在水利水电建筑工程招投标阶段至关重要，其直接影响到整体工程各部分的工作衔接与合作能否顺利开展。首先，本节分析了水利水电建筑工程合同管理在招标投标中的作用。其次，研究分析了招标阶段合同管理存在的问题，包括招标与合同管理相脱节、招标文件的内容不够规范和细致、招投标机制仍需完善等。最后，分析了加强水利水电建筑工程招投标阶段应该采取的管理措施，以及如何健全和完善招投标配套制度体系等。

招标和投标阶段的合同管理是关系整体水利水电工程顺利进行的重要基础，工程各阶段的正常运作也需要完善合同管理，确保水利水电建筑工程各个合作主体之间相互协商订立合同，明确各主体在招标和投标等阶段必须履行的义务和合法权利，加强合同管理是提升工程合作合法性和完善强化保障的重要条件。研究和分析水利水电建筑工程招投标阶段合同管理，有利于充分发挥理论对实践的指导和支持作用。

一、水利水电建筑工程合同管理在招标投标中的作用

包括水利水电在内的建筑工程项目发展初期，由于对招标及投标阶段的合同管理重视程度不足，致使后期工程项目建设遇到了很大的问题。招标以及投标阶段的合同管理不仅要保障各项合同原始资料的完整性与确定性，同时也要将合同各项职责履行和权利行使与书面合同条款要求相配合，以此发挥合同的法律约束和指导作用。与此同时，合同管理也是为合同正式签订前充分了解合同内容作准备，在工程建筑质量、建设成本以及工期等方面都需要规范合同条款，确保出现影响工程建设问题的情况下采取合理高效的解决方法。招投标工作需要以科学的合同管理为基础，调动各部门相互配合，合同管理也是为督促招标投标主体积极履行义务、维护合同法律效力的重要体现。水利水电工程项目建设单位，只有将招标投标各项工作与合同管理工作相结合，充分认识到合同管理的重要性，才能确保工程建设顺利开展，保障项目的经济效益。[①]

二、水利水电建筑工程招标阶段合同管理中存在的问题

招标阶段的合同管理虽然已经不断完善，但依然存在招标与合同管理相脱节的问题，部分企业将招标文件中已经明确规定和承诺的内容随意更改，严重违背了合同管理的基本准则要求。对于建筑工程项目的具体工期、质量标准、建筑原料等合同条款的要求不够清晰，使建筑商很容易违约操作。另外，还存在招标文件的内容不够规范和细致问题，若合同内容模糊有误或信息有所失真，那么其指导作用和权威性就会直接弱化，无论是合同变更或者是索赔都会受到影响。

（一）招标与合同管理相脱节

目前，我国大部分企业虽然已经意识到了合同管理的重要作用，但是依然未能深入结合企业招标工作实际制定科学的合同管理体系，合同管理与招标工作仍处于脱节状态，无法发挥合同管理应有的作用。例如，部分水利水

①胡军清.浅析水利水电工程设计及管理对投资控制的价值[J].建材与装饰，2018（36）：160.

电工程建设招投标项目的合同制定条款细节不完善，部分重点条件和特殊情况下的合同条件未能清晰说明，致使招投标文件的承诺信息存在漏洞，这将会对下一步合作共同意向的达成和合同的顺利签署产生影响。

（二）招标文件的内容不够规范和细致

结合我国当前水利水电建筑工程招标文件内容的整体情况来看，招标文件的编制工作多由专门的招投标代理机构执行，然而碍于资质和专业性等诸多方面的综合影响，多数招投标代理机构缺乏对水利水电工程技术要求和具体内容等方面的了解。如此，招标文件内容受此影响普遍存在内容单一、缺乏专业性和深度等问题，对于后续合同的签订来说无疑会产生极其不良的影响。与此同时，水利水电工程合同管理过程也缺乏代理机构的积极参与，合同管理经验必然相对有限，招投标文件亦难免因受此影响而导致编制水平受限，甚至为后期的合同签订带来更多隐患。

（三）招标机制仍需完善

客观来讲，水利水电建筑工程领域的招标工作管理制度已有了相对明显的整体化提升，包括文件的审查、程序的监管、主体资质的审核以及合同登记备案等，对于招投标工作实效性确实起到了促进作用，同时也在很大程度上降低了虚假招标或躲避招标等问题的发生概率。然而综观现有机制，依然存在着约束力不强等问题，致使行业一些不合规行为依然大范围存在，由此导致的结果多表现为对中标之后合同签订和责任履行的不便性影响，更有甚者，还可能因此而引发更为严重的法律纠纷问题。例如，部分工程竣工之后远远偏离了招标之前的预期，给各主体利益方造成了严重损失。

三、加强水利水电建筑工程招投标阶段的管理

（一）加强合同管理与招投标配合

合同管理实为水利水电工程招投标工作的重要依据，为此，在建筑工程招投标阶段，相关监理单位应加大审查力度，对招投标文件的审核与签订实施全过程控制。然而受专业性的影响，要求招投标代理机构相关人员全面了解招投标文件内容似乎不切实际，因此对于合同的审查也需要招投标项目负责人予以大力监管，并在此过程中严控各类问题的发生率，对于一些合同安全隐患问题应当予以及时处理。尤其是招投标人员有必要在项目之后对其进

行积极回访，通过合同约定条款的对比，检查项目建设实际过程中的具体执行效果，为后续的评估打好基础，并为今后招投标工作的开展积累更为丰富的经验。

（二）规范和细化招投标文件的内容

加强水利水电建筑工程招投标阶段管理，需要将招投标文件的内容进一步规范化和细致化，可以尝试推行示范文本。招投标文本的规范化编制在企业当中是关键性的工作内容，因此，需要全面提升企业中专门负责招投标项目的编制人员专业水平和职业素养。规范化的招投标文件首先应该有明确的项目数量、项目须知、具体项目价格和实际的计算方式，项目涉及的技术需要有具体的技术评价标准以及方法。招投标文件在编制过程中需要依据编制要求进行条款确认，有关于投标人的资质说明部分要求有证明文件。除此之外，水利水电工程项目当中的工程款项交易也需要细化到支付模式、价格确认方式，以及合作双方各自的权利和义务等。推行示范文本可操作性较强，同时可以高效快速提升招投标合同文本内容的规范化，示范文本也需要强调具体的担保方式说明以及争议调解的方式。

（三）健全和完善招投标配套制度体系

水利水电工程项目建设过程中要想实现对招投标工作的高质量管理，就必然需要以相关完善的制度建设作为必要基础，如此才能确保各项工作的开展有章可循。一方面，规范化文件体系需要被充分落实并全面推广应用，在此过程中依据实际情况加以动态性调整，以确保招投标管理运作体系更完善。同时，统一化模式也有利于解决传统时期混乱管理所导致的政策出入问题。另一方面，要重点对招投标工作相关配套法律体系加以进一步完善。之所以水利水电工程项目招投标的一些问题难以避免，很多都是因为对此文件可操作性的错误判断，为了有效避免歧义或漏洞以使招投标工作更合规，即需要各主体与时俱进，扩大招投标平台的范围，致力于加大投入力度推动其信息化发展，并建立信用档案，加强全行业监管，加大力度打击招投标工作中的各类违法违规行为，净化行业环境风气。

综上所述，招标和投标阶段的合同管理，是关系整个水利水电工程顺利进行的重要基础，工程各阶段的正常运作也需要完善合同管理。目前招投标阶段合同管理存在的问题包括招标与合同管理相脱节、招标文件的内容不够规范和细致、招投标机制仍需完善。对此需要加强合同管理与招投标配合，规范和细化招投标文件的内容，健全和完善招投标配套制度体系。通过研究和分析水利水电建筑工程招投标阶段合同管理，有利于充分发挥理论对实践的指导和支撑作用。

第六节　水利水电工程EPC总承包模式的总承包合同管理

我国水利水电工程项目发展规模越来越大，具有一定的复杂性，并且具有投资大、周期长以及技术复杂等特点，同时对项目管理水平要求逐渐提高。其中，EPC总承包管理模式是国际通用的工程建设管理模式，能够有效地实现管理工作一体化，以此来避免中间环节对总体目标的影响，进而将效益与风险实施全面的统一。在使用EPC总承包管理模式的基础上，为了确保总承包商自身风险的降低，需要对总承包合同实施有效的管理，这也为EPC总承包管理模式的较快发展奠定了良好的基础。

一、EPC总承包管理模式

EPC总承包模式是对采购、施工工程总承包实施有效的设计。其中，EPC总承包模式在应用的过程中，会大大降低其施工成本，并且在此基础上对一些工程实施全面构建，在工程建设的过程中应用较为广泛。此外，在此模式中，首先进行招标，中标后方能够签订承包合同，同时在此基础上对项目实施有效的设计、采购以及施工等环节，项目施工后达到业主要求方为合格。主要有以下两种形式：①施工企业应取得总承包施工资质，完成中标后的施工任务，对施工任务进行设计对外承包；②EPC总承包商为施工单位。施工单位是EPC总承包商，对其项目整体目标实施有效管理，设计、采购以及施工等环节均由总承包商负责。

二、EPC总承包合同的特点

EPC总承包合同主要是指工程项目由总承包商进行管理，分包后总承包商的合同管理包括分包合同管理与总承包合同管理，业主只需要负责总承包合同管理，对分包合同进行备案，与承包商的权责明确。因此，EPC总承包合同的特点就是业主只对工程整体管理与控制，总承包商对工程实施过程进行管理。施工企业虽然有一定的风险，但有利于总承包商对设计方案的优化。[①]

三、EPC总承包合同的管理

（一）合同范围

水利水电工程因自身管理体系要求，在EPC总承包合同中需要明确具体的实施范围，通常情况下包含勘测、设计、实验以及移民补偿实施、建安工程、主体工程、运输管理、机电设备、管理设施工程、工程验收以及服务质量等。

（二）合同管理要求

在对合同进行管理的过程中，应确保管理制度完善、管理计划周密、目的明确，以构建较为规范的管理程序。在管理过程中不仅要严格履行合同内容，还要对一些环节进行设计优化、减少变更，以便满足施工进度要求。同时，还应形成例会制度，降低费用，提升管理质量，进而在一定程度上降低风险。

（三）合同进度价款支付

EPC项目合同一般情况下采用总价合同，在支付工程进度款期间，业主不仅需要根据合同中的相关内容进行月付，还能够进行阶段性支付，合同中应标明明确的付款金额，并规定每次付款的比例。

四、EPC总承包合同的不足

EPC总承包合同在管理过程中也存在一些问题，主要表现在以下几个方面：①将总承包单位明确为施工、设计的联合体，尽管这样可以确保双方权利与责任保持一定的均衡，但施工中的主导作用却无法得到有效发挥；②合同中没有将暂列金与暂估价的使用权属进行有效的规定，只在报价中进行了备注，以至于出现认知差异；③合同条款不够完善，合同中总价、工期没有

①周乐平.水利水电工程EPC总承包模式下的总承包合同管理[J].清洗世界，2020，36（09）：86-87.

进行调整，合同中只对调整总价项目进行了确定，但没有对具体程序、范围及权属进行规定。

五、EPC总承包合同管理经验

（一）不确定因素

在对项目进行招标的过程中，需要列出工程项目建设期间可能出现的不确定因素。为了降低风险，在对合同范围进行明确的过程中，在清单中可预列低于工程报价10%的暂列金，以此作为降低风险的预备金，并将其列入合同总价中。在合同中应明确业主使用权，业主能够通过项目具体情况进行实时性掌握与使用，并且结余也应归业主所有。若因不可预见的地质条件造成的变化，需要使用到该费用时，总承包商需要根据规定程序由业主进行审批，并据此结算。

（二）暂估价调整权

业主在招标期间，虽然招标中标明了对水土保持和环境保护等应采取的措施，但无法对相关费用进行明确，此部分为暂估价，应将业主的调整权明确在合同中，业主享有结余部分，不足应从暂列金中进行列支。

（三）管理体制

在项目建设的过程中，需要制定“小业主、大监理”的管理体制，这能在较大程度上发挥监理作用，并且可对工程进度、质量以及费用等实施有效控制，起到控制管理与协调管理的作用。

（四）合同报价风险的降低

总承包商在进行投标的过程中，首先需要对业主提供的数据与资料进行详细分析与验证，并在此基础上对工程地形、地质以及周围环境等因素进行全面调查，同时还应详细了解工程范围内一些影响因素。比如，工程建设过程中的灌溉渠道、住户以及地下管道等，据此提出有效的解决方案，这在较大程度上降低了合同报价风险。

（五）合同项目风险的控制

合同项目也具有一定的风险，需要对其进行有效的控制，为此总承包商在设计的过程中，要对外业工作进行加密勘测，对提出的问题及时采取有效的措施进行解决。此外，还应根据实际情况对设计方案进行优化，并在此基础上对限额设计实施全面控制，避免在设计过程中出现变更情况，以此使合同项目设计风险控制降至最低，进而达到合同项目控制要求。

（六）可靠的经济分析与数据支持

在对合同项目进行设计与管理的过程中，离不开对数据的具体分析与经济分析，这也是提高合同项目管理质量的重要保障。此外，总承包商在采购的过程中，应对采购制订合理的计划，并严格执行该计划，同时在此基础上构建采购数据库，对相关数据进行有效的整理与分析。应对相关产品的价格、质量进行详细分析，尤其是一些大宗材料与设备应与供应商数据库进行全面对接，并在此基础上将有关信息录入数据库，对数据实时更新，这可以为降低合同采购成本提供一定的数据支持与经济分析。

（七）合同项目施工投资的控制

由于合同项目中较为重要的是项目施工投资，这就需要采取有效的方法对其进行控制。为此，总承包商在施工的过程中，为了确保管理质量的提高，应构建完善的施工管理体系，以对计划管理实施有效的监控，同时还应对施工现场进行全方位的管理与控制，以便协调不同施工环节之间的衔接工作，使不同施工工序有序进行，在此过程中还需要避免交叉作业。此外，还应对相关施工资源实施有效的配置，以对一些重要隐蔽工程以及关键施工部位进行严格控制。如此一来，不但能够提高工程控制质量，而且还能极大地提高检验合格率。

（八）合同总承包商与分包商

合同总承包商与分包商在施工项目中有较大的区别，其中合同总承包商对项目施工范围有一定的限制，只能对一个项目进行设计与施工，不能进行联合设计与施工，具有一定的局限性。分包商主要是根据业主要求，通过总承包商采用招标以及其他有效方式确定施工项目，这样能够实现强强联合，并为EPC总承包管理模式的较快发展奠定基础。

综上所述，EPC总承包管理模式是提升水利水电工程中总承包合同管理的基础，在水利水电工程中有着较为广泛的应用，不但能够加快工程进度，而且对工程安全性的全面提高也具有较大的促进作用。同时，EPC总承包管理模式中总承包合同的有效管理，大大提高了建设效率，降低了工程施工成本，为全面提高水利水电工程项目管理水平奠定了良好的基础。

第五章 水利水电工程建设与施工管理

第一节 水利水电工程施工进度控制

一、进度控制的概念

工程项目进度控制，是指对工程项目建设各阶段的工作内容、工作程序、持续时间和衔接关系，根据进度总目标及资源优化配置的原则，编制计划并付诸实施，并在进度计划的实施过程中经常检查实际进度是否按计划要求进行，对出现的偏差情况进行分析，及时采取补救措施，或调整、修改原计划后再付诸实施，如此循环，直到建设工程竣工验收交付使用。建设工程进度控制的最终目的是确保建设项目按预定的时间完工或提前交付使用，建设工程进度控制的总目标是在规定的建设工期内完成。

由于在工程项目建设过程中存在着许多影响进度的因素，这些因素往往来自不同的部门和不同的施工期间，它们对建设工程进度产生着复杂的影响。因此，进度控制人员必须事先对影响建设工程进度的各种因素进行调查分析，预测它们对建设工程进度的影响程度，确定合理的进度控制目标，编制可行的进度计划，使工程建设工作始终按计划进行。但是，不管进度计划的周密程度如何，毕竟是人们的主观设想，在实施过程中，必然会因为新情况的产生、各种干扰因素和风险因素的作用而发生变化，使人们难以执行原定的进度计划。为此，进度控制人员必须掌握动态控制原理，在计划执行过程中不断检查建设工程实际进展情况，并将实际状况与计划安排进行对比，从中得出偏离计划的信息。而后在分析偏差及其产生原因的基础上，通过采取组织、技术、经济等措施，维持原计划，使之能够正常实施。如果采取措施后不能维持原进度计划，则需要对原进度计划进行调整或修正，再按新的进度计划实施。这样，在进度计划的执行过程中进行不断的检查和调整，可以保证建设工程进度得到有效控制。[①]

①崔洲忠.水利水电工程管理与实务[M].长春：吉林科学技术出版社，2020.

二、施工项目进度控制原理

水利水电工程施工项目进度控制，是以现代科学管理原理作为其理论基础的，主要有系统原理、动态控制原理、信息反馈原理、弹性原理和封闭循环原理等。

（一）系统原理

系统原理就是用系统的概念，剖析和管理施工项目进度控制活动。进行施工项目进度控制，应建立施工项目进度计划系统、施工项目进度组织系统。

1.施工项目进度计划系统

施工项目进度计划系统是施工项目进度控制的依据。施工项目进度计划，主要包括施工项目总进度计划、单位工程进度计划、分部分项工程进度计划、材料计划、劳动力计划、季度和月（旬）作业计划等。而进度控制目标则是按工程系统构成、施工阶段和部位等逐层分解，编制对象从大到小，范围由总体到局部，层次由高到低，内容由粗到细的完整计划系统。计划的执行则是由下而上，即从月（旬）作业计划、分项分部工程进度计划开始，逐级严格按照进度控制目标，最终完成施工项目总进度计划。

2.施工项目进度组织系统

施工项目进度组织系统是实现施工项目进度计划的组织保证。施工项目进度组织系统由项目经理、各子项目负责人、计划人员、调度人员、作业队长、班组长以及有关人员组成。这个组织系统既要严格执行进度计划要求、落实和完成各自的职责和任务，又要随时检查、分析计划的执行情况，在发现实际进度与计划进度发生偏离时，及时采取有效措施进行调整、解决。也就是说，施工项目进度组织系统既是施工项目进度的实施组织系统，又是施工项目进度的控制组织系统，既要承担计划实施赋予的生产管理和施工任务，又要承担进度控制目标，并对进度控制负责，以此保证总进度目标的实现。

（二）动态控制原理

施工项目进度目标的实现，是随着项目的施工进展以及相关因素的变化而不断进行调整的动态控制过程。施工项目按计划实施，但面对不断变化的客观实际，施工活动的轨迹往往会产生偏差。当发生实际进度与计划进度超前或落后时，控制系统就要作出应有的反应：分析偏差产生的原因，采取相应的措施，调整原来计划，使施工活动在新的起点上按调整后的计划继续运行；当新的干扰继续影响施工进度时，新一轮调整、纠偏必须再一次进行。施工项目进度控制活动就这样循环往复，直至预期计划目标实现。

（三）信息反馈原理

反馈是控制系统把信息输送出去，又把其作用结果反馈回来，并对信息的再输出施加影响，起到控制作用，以达到预期目的。

施工项目进度控制的过程实质上就是对有关施工活动和进度的信息不断搜集、加工、汇总、反馈的过程。施工项目信息管理中心要对搜集的施工进度和相关影响因素的资料进行加工分析，由领导作出决策后，向下发出指令，指导施工或对原计划作出新的调整、部署；基层作业组织根据计划和指令安排施工活动，并将实际进度和遇到的问题随时上报。每天都有大量的内外部信息、纵横向信息流进流出。因而，必须建立健全施工项目进度控制的信息网络，使信息准确、及时、畅通，反馈灵敏、有力以及能正确运用信息对施工活动实施有效控制，以此确保施工项目的顺利实施和如期完成。

（四）弹性原理

施工项目进度控制中的弹性原理主要应用在以下两个方面：首先，在编制施工项目进度计划时，要考虑影响进度的各类因素出现的可能性及其变化的影响程度，进度计划必须保持充分的弹性，要有预见性；其次，在施工项目进度控制中要有应变性，当遇到干扰，工期拖延时，能够利用进度计划的弹性，或缩短有关工作的时间，或改变工作之间的逻辑关系，或增减施工内容、工程量，或改进施工工艺、方案等有效措施，对施工项目进度计划作出及时的相应调整，缩短剩余计划工期，以保证施工项目如期完成。

（五）封闭循环原理

施工项目进度控制是从编制项目施工进度计划开始的，由于影响因素的复杂和不确定性，在计划实施的全过程中，需要连续跟踪检查，不断地将实际进度与计划进度进行比较，如果运行正常可继续执行原计划；如果发生偏差，应在分析其产生的原因后，采取相应的解决措施和办法，对原进度计划进行调整和修订，然后再进入一个新的计划执行过程。这个由计划、实施、检查、比较、分析、纠偏等环节组成的过程形成了一个封闭循环。而施工项目进度控制的全过程，就是在许多这样的封闭循环中得到有效的调整、修正与纠偏，最终实现总目标的。

三、影响施工项目进度的因素

影响水利水电工程施工项目进度的因素大致可分为三类。

（一）项目经理部内部因素

1.影响因素

影响因素如下：①施工组织不合理，人力、机械设备调配不当，解决问题不及时；②施工技术措施不当或发生事故；③质量不合格引起返工；④与相关单位关系协调不畅等；⑤项目经理部管理水平低下。

2.相应对策

项目经理部的活动对施工进度起决定性作用，因而要做好以下几点工作：①提高项目经理部的组织管理水平、技术水平；②提高施工作业层的素质；③重视与内外关系的协调。

（二）相关单位因素

1.影响因素

影响因素如下：①设计图纸供应不及时或有误；②业主要求设计变更。③实际工程量增减变化；④材料供应、运输等不及时或质量、数量、规格不符合要求；⑤水电通信等部门、分包单位没有认真履行合同或违约；⑥资金没有按时拨付等。

2.相应对策

相关单位的密切配合与支持，是保证施工项目进度的必要条件，项目经理部应做好以下几点：①与有关单位以合同形式明确双方的责任与义务，严格履行合同，寻求法律保护，减少和避免损失；②编制进度计划时，要充分考虑向主管部门和职能部门进行申报、审批所需的时间，留有余地。

（三）不可预见因素

1.影响因素

影响因素如下：①施工现场水文地质状况比设计合同文件预计的要复杂得多；②严重自然灾害；③战争等因素等。

2.相应对策

相应对策如下：①该类因素一旦发生就会造成较大影响，应作好调查分析和预测；②有些因素可通过参加保险，规避或减少风险。

四、施工项目进度控制的措施

水利水电施工项目进度控制的措施主要有管理信息措施、组织措施、技术措施、合同措施等。

（一）管理信息措施

第一，建立对施工进度能有效控制的监测、分析、调整、反馈信息系统和信息管理工作制度。

第二，随时监控施工过程的信息流，实现连续、动态的全过程进度目标控制。

（二）组织措施

第一，建立施工项目进度实施和控制的组织系统。

第二，订立进度控制工作制度：检查时间、方法，召开协调会议时间、人员等。

第三，落实各层次进度控制人员、具体任务和工作职责。

第四，确定施工项目进度目标，建立施工项目进度控制目标体系。

（三）技术措施

第一，尽可能采用先进施工技术、方法和新材料、新工艺、新技术，保证进度目标实现。

第二，落实施工方案，在发生问题时，能适时调整工作之间的逻辑关系，加快施工进度。

（四）合同措施

以合同形式保证工期进度要注意以下几点：①保持总进度控制目标与合同总工期相一致；②分包合同的工期与总包合同的工期相一致；③供货、供电、运输、构件加工等合同规定的提供服务时间与有关的进度控制目标相一致。

第二节 水利水电工程施工成本控制

一、施工成本管理的措施

项目成本管理是在保证满足工程质量、工期等合同要求的前提下，对项目实施过程中所发生的费用，通过计划、组织、控制和协调等活动实现预定的成本目标，并尽可能地降低成本费用的一种科学管理活动。①

要降低成本，就必须加强管理和控制。首先，要制定成本的计划目标，制定原材料购置和各项支出的目标价格，使成本耗费控制在一定的目标内。其次，要依照市场经济规律调整支出的计划成本，使成本处于有效控制中。最后，应从组织、经济、技术、合同等多方面采取一系列可行的措施，精心组织施工，挖掘各方面潜力，加强成本控制，从而达到对施工过程中的各项费用实施直接有效的控制。

成本管理的措施主要有组织措施、技术措施等。

（一）施工成本管理的组织措施

组织措施是从水利水电工程施工成本管理的组织方面采取的措施。它要求企业编制本阶段施工成本控制计划和详细的工作流程图，从施工成本管理的组织方面采取领导亲自抓、员工全参与，使成本管理深入基层、落实到人。

另外，组织措施还应编制施工成本控制工作计划，确定合理、详细的工作流程。具体包括以下内容：做好施工采购规划，通过生产要素的优化配置、合理使用、动态管理，有效地控制实际成本；加强施工定额管理和施工任务单管理，控制活劳动和物化劳动的消耗；加强施工调度，避免因施工计划不周和盲目调度造成窝工损失、机械利用率降低、物料积压等而使施工成本增加。

（二）施工成本管理的技术措施

施工方案不同，不但会影响项目的工程和质量目标，也会显著地影响项

①欧智贤.水利水电工程项目施工的成本管理[J].大科技，2019（27）：105-106.

目的成本。在水利水电工程成本管理中，要十分注重和发挥技术与方案对于降低成本的重要作用，一方面技术的提高或新技术的采用，必然大幅度提高劳动效率和节省材料，从而节约成本；另一方面通过优化施工方案来提高工效，缩短工期，进而节省大笔的机械及周转料具的租赁费及项目的管理费，有利于降低项目成本。

施工过程中的降低成本的技术措施包括：①进行技术经济分析，确定最佳的施工方案；②在满足功能要求的前提下，结合施工方法，进行材料的比选，选择代用、改变配合比、使用添加剂等方法达到降低材料消耗费用的目的；③结合项目的施工组织设计及自然地理条件，降低材料的库存成本和运输成本。

二、施工成本计划的编制

成本计划是成本管理的一项重要内容，是建筑企业经营的重要组成部分。施工成本计划，是以货币形式预先编制施工项目在计划期内的生产费用与成本的总水平，通过施工成本计划事先基本确定成本降低率，以及为降低成本所采取的主要措施和规划的书面方案，在实施中按成本管理层次、有关成本项目以及项目进展逐阶段对成本计划加以分解，最后制订各级保证成本计划实施的措施方案。它是建立施工项目成本管理责任制、开展成本控制和核算的基础，是实现该项目降低施工成本任务的指导性文件，也是水利水电施工项目成本预测的继续。①

施工成本计划的编制以成本预测为基础，关键是确定目标成本，并要使成本目标最终实现，但是施工成本计划的编制又不能照搬投标期间的预测成本，因为中标以后的客观环境和条件与投标期间相比已经发生了变化，项目目标成本也必须符合中标以后的实际情况，它应随着合同条件、施工组织方案、建筑市场等环境和条件的变化，经过分析、比较、判断之后随之作出相应的调整。因此，施工项目成本计划的编制不是一个绝对的固定方案，而是一个相对动态的过程。

①朱国成.浅析水利水电工程的项目管理及造价控制方法[J].珠江水运，2019（19）：107-108.

（一）编制依据

成本计划的制订必须根据国家政策、市场信息和企业内部资料，预测市场变化，做出自身计划。广泛收集资料、归纳整理并作出相应调整是编制成本计划的必要步骤，收集的资料也是编制成本计划的依据。这些编制依据包括如下几点：①国家和上级部门有关编制成本计划的规定。②项目经理部与企业签订的承包合同、分包合同（或估价书）、结构件外加工计划和合同以及企业下达的成本降低额、降低率和其他有关技术经济指标。③有关人工、材料、机械台班市场与公司内部价格等成本预测、决策的资料。④施工项目的施工图预算、施工预算。⑤施工组织设计或施工方案及拟采取的降低施工成本的措施。⑥施工项目使用的机械设备生产能力及其利用情况。⑦施工项目的材料消耗、物资供应、劳动工资、周转设备租赁价格及劳动效率、摊销损耗标准等计划资料。⑧计划期内的物资消耗定额、劳动工时定额、费用定额等资料。⑨以往同类项目成本计划的实际执行情况及有关技术经济指标完成情况的分析资料。⑩同行业同类项目的成本、定额、技术经济指标资料及增产节约的经验和有效措施。⑪本企业的历史先进水平和当时的先进经验及采取措施的历史资料。⑫国外同类项目的先进成本水平情况等资料以及其他相关资料。

此外，还应深入分析当前情况和未来的发展趋势，了解影响成本升降的各种有利和不利因素，研究如何克服不利因素和降低成本的具体措施，为编制成本计划提供丰富、具体和可靠的成本资料。

（二）编制原则

编制原则：①兼容先进性和可操作性的原则。②弹性原则。③可比性原则。④与其他计划相协调的原则。

（三）编制程序

编制成本计划的程序，因项目的规模大小、管理要求不同而不同，大中型项目一般采用分级编制的方式，即先由各部门提出部门成本计划，再由项目经理部汇总编制全项目工程的成本计划。小型项目一般采用集中编制方式，即由项目经理部先编制各部门成本计划，再汇总编制全项目的成本计划。无论采用哪种方式，其编制成本计划前的测算工作，都应经过认真收集和整理有关工程项目的成本资料，结合相关政策、建筑市场和企业能力等情况来分析这些资料，仔细地研究平衡试算，最终才能提出较为科学的成本降低目标。确定目标之后则进入成本计划草案的编制阶段，这一阶段应当在总会计师的具体领导下，由财务部门牵头，会同计划、预算、技术等有关部门进行。其重点是紧紧围绕企业经营方针和目标，收集和整理与成本相关的基础预测资料，依据计划年度的施工生产任务、物资供应、劳动工资、技术组织措施等计划和预算定额、劳动定额、工资水平以及本企业历史上各项消耗指标，并参考同行业先进成本水平和技术经济指标等。这一环节中最重要的是从技术措施上要结合施工组织设计的编制过程，通过不断的优化施工技术方案和合理配置生产要素，进行工料机消耗的分析，制定一系列的节约成本和挖潜措施，即选定技术上可行、经济上合理的最优降低成本方案。

编制工程成本计划草案后，还要结合企业诸如进度计划、质量计划等其他计划，同时结合企业为了实现对其他所有项目的资源综合利用的制订的整体安排，在达到企业各项计划综合平衡之后，就可以编制正式的施工成本计划。成本计划指标经过试算平衡后，如果已经达到了降低成本计划指标的要求，可以将成本确定的指标进行分解，向企业内部各部门、各层次提出降低成本要求和各自所承担的具体指标及指标控制数值。这样通过成本计划把目标成本层层分解，落实到施工过程的每个环节，以调动全体职工的积极性，有效地落实成本计划、进行成本控制。

（四）编制方法

1.按施工成本组成编制的方法

施工成本按成本组成分解可以有两种分解方式：一种是可以分为人工费、材料费、施工机械使用费、措施费和间接费；另一种是根据成本习性将成本分成固定成本和变动成本两类，进行编制计划成本。

其中，变动成本是与任务量有直接联系的成本。属于变动成本的有材料费、在计件工资形式下的人工费，其中奖金、效益工资和浮动工资部分，亦应计入变动成本。其他直接费用，如水、电、风、汽等费用以及现场发生的材料二次搬运费，多数与产量发生联系，也属于变动成本。固定成本是与任务量增减无直接关系的成本项目，如属于计时工资形式下的员工工资、办公费、差旅交通费、固定资产使用费、施工管理费和劳动保护费等基本上属于固定成本。机械使用费中有些费用随产量增减而变动，如燃料、动力费，属变动成本，有些费用不随产量变动，如机械折旧费、大修理费、机修工、操作工的工资等，属于固定成本。

此外，还有部分费用为介于固定成本和变动成本之间的半变动成本，如机械的场外运输费和机械组装拆卸、替换配件等平常修理费，则按一定比例划归为固定成本与变动成本。

在按照施工成本组成编制成本计划时，把成本分解为材料、人工、机械费、运费等主要支出项目后，要对各个项目再加以详细分解，并对计划中各种子项目计划支出作出估算说明，只有制定这样详细的指标，才能达到在实际施工中对成本加以控制与考核的目的，否则，没有具体目标的计划为指导，是不能真正起到控制作用的。

2.按项目组成的编制方法

按照目前的项目组成分解结构来编制施工成本计划的方法，称为工作分解法。它的特点是主要以施工图中的工程实物量为基础，以本企业做出的项目施工组织设计及技术方案为依据。其具体步骤如下：首先，把整个工程项目逐级分解为一个个单位工程，再把每个单位工程依次分解为一个个分部工程，最终分解为便于进行单位工料成本估算的分项或工序，套以实际价格和计划的物资、材料、人工、机械等消耗定额；其次，计算工料消耗量，并进行工料汇总，然后统一以货币形式估算出工程项目的实际成本费用；最后，按分项自下而上估算、汇总，从而得到整个工程项目的成本估算，成本目标估算汇总后还要考虑风险系数与物价指数，并据此对估算结果加以修正。

利用上述系统在进行成本计划时，工作划分得越细、越具体，价格和工程量的确定就越容易。除自上而下逐级展开工作分解外，还要对材料、人工、机械费、运费等主要支出项目加以横向分解，例如应把钢材、木材、水泥等主要材料费的计划用量分解到各个更细的阶段和环节，以便在实际施工中加以控制与考核，因为在此基础上分级分类编制的工程项目的成本计划才是具体实施时成本控制的直接依据。

3.按工程进度的编制方法

编制按时间进度的施工成本计划，通常可利用控制项目进度的网络图进一步扩充而得，即在建立网络图时，一方面确定完成各项工作所需花费的时间，另一方面同时确定完成这一工作的合适的施工成本支出计划。在实践中，将工程项目分解为既能方便地表示时间，又能方便地表示施工成本支出计划的工作是不容易的，通常如果项目分解程度对时间控制合适，则对施工成本支出计划可能分解过细，以至于不可能对每项工作确定其施工成本支出计划，反之亦然。

因此，在编制网络计划时，应在充分考虑进度控制对项目划分要求的同时，考虑确定施工成本支出计划对项目划分的要求，做到两者兼顾。按工程进度编制施工成本计划的表现形式是通过对施工成本目标按时间进行分解，在网络计划基础上，可获得项目进度计划的横道图，并在此基础上编制成本计划。

一般工作中编制月度项目施工成本计划，是指项目某一月度根据施工进度计划所编制的项目施工成本收入、支出计划。它包括根据施工进度计划而做出的各种资源消耗量计划、各项现场管理费收入及支出计划。月度项目施工成本计划属于现场控制性计划，是项目经理部继续进行各项成本控制工作的依据。以上三种编制施工成本计划的方法并不是相互独立的，在实践中，往往是将这几种方法结合起来使用，从而达到扬长避短的效果。

三、施工成本控制与分析

对于水利水电施工企业来讲，成本、质量、工期是施工的三大目标，其中成本反映的是项目施工过程中各种耗费的总和，承包企业项目成本控制的重心应包括计划预控、过程控制和纠偏控制三个重要环节。施工企业的成本分为直接成本和间接成本两部分。间接成本是指为施工准备、施工组织和管理施工生产的全部费用的支出，是无法直接计入工程对象，但为进行工程施工所必然会产生的费用，包括管理人员的工资、办公费、差旅交通费等。直接成本是指在施工过程中，所耗费的构成工程实体或有助于工程实体形成的各项费用支出，是可以直接计入工程对象的费用，包括人工费、材料费、施工机械费和施工措施费等。其中，直接成本为施工企业的成本的主要部分，是施工企业成本的重点控制对象。企业能可持续生存与发展的首要竞争能力是具有更强的竞争力、更大的利润空间。

施工企业只有对成本实施有效的控制，才能使企业具有更强的竞争力。

（一）施工成本控制的步骤

确定了项目施工成本计划之后，在实施的过程中不能只照搬计划指标，还要不断地、有序地进行统计与比较、分析与反馈工作，必须定期地进行施工成本计划值与实际值的比较，当实际值偏离计划值时，分析产生偏差的原因，采取适当的纠偏措施，以确保施工成本控制目标的实现。因此，施工成本控制分为比较、分析、预测、纠偏和检查五个步骤。

1.比较

按照某种确定的方式将施工成本计划值与实际值逐项进行比较，以发现施工成本是否已超支。

2.分析

在比较的基础上，对比较的结果进行分析，以确定偏差的严重性及偏差产生的原因。这一步是施工成本控制工作的核心，其主要目的在于找出产生偏差的原因，从而采取有针对性的措施，减少或避免相同原因偏差的再次发生或减少由此造成的损失。

3.预测

根据项目实施情况估算整个项目完成时的施工成本，预测的目的在于为决策提供支持。

4.纠偏

当工程项目的实际施工成本出现偏差时，应当根据工程的具体情况、偏差分析和预测的结果，采取适当的措施，以期达到使施工成本偏差尽可能小的目的。纠偏是施工成本控制中最具实质性的一步。只有通过纠偏，才能最终达到有效控制施工成本的目的。

5.检查

对工程的进展进行跟踪和检查，及时了解工程进展状况以及纠偏措施的执行情况和效果，为今后的工作积累经验。

（二）施工成本控制的方法

水利水电工程施工成本的控制法是在成本发生和形成的过程中对成本进行的监督检查，成本的发生与形成是一个动态的过程，这就决定了成本的控制也是一个动态的过程，也可称为成本的过程控制。成本的过程控制主控对象与内容有如下几点。

1.控制人工费用

人工费的控制实行“量价分离”的方法，将作业用工及零星用工按照定额工日的一定比例综合确定用工数量与单价，通过劳务合同进行控制。

2.控制材料费用

施工材料费的控制是降低工程成本的重要环节。做好材料的管理，降低材料费用是提高劳动生产率、降低工程成本的最重要的途径。材料费的控制从材料的用量和材料价格两个方面进行控制。材料用量的控制一般用定额控制、指标控制、计量控制和包干控制等方法。材料价格的控制主要由材料采购部门控制，由于材料价格由买价、运杂费、运输中的合理损耗等组成，因此主要是通过掌握市场信息，应用招标和询价等方式控制材料、设备的采购价格。

具体在施工中材料的控制应主要从以下几个方面实施控制。

（1）材料的采购供应控制

因为水利水电工程施工周期较长、需求数量较大、品种复杂，这个环节是实现工程进度计划的保证，所以必须事前做好材料市场调查和信息收集工作，掌握产地、货源、生产及流通等第一手资料。在保证质量的前提下，其他材料尽量用当地材料代替外运材料，就近采购，减少中转环节。采购时一般集中选择信誉良好、资金雄厚的供应商或厂家，以便供货的时间、质量、数量可以得到有力的保证。

（2）材料的计划、保管控制

材料采购是集中或分批采购，但消耗是连续不断进行的，所以做好计划与保管工作是一个持续而又重要的环节。根据施工进度计划，做好材料领用、回收、库存统计和供应的年度、季度、月材料计划工作，避免材料储备过多而占用资金、场地、仓库，有的储存时间过长甚至会变质，储备过少又不能保证生产连续进行。合理设置仓库、堆场和加工厂位置，节约场内外运费。为保证施工用料的不均衡和不间断，必须按材料品种、供应条件，制定一个合理的经济库存量。回收包装用品，做好废旧物资的回收利用，加强验收，防止缺吨、短方、少尺、少件现象。

（3）领料的限额控制

施工班组严格实行限额领料、控制用料，凡超额使用的材料，由班组自负费用，节约的材料可以由项目部与施工班组分成，使员工充分认识到节约与自身利益相联系，在日常工作中主动掌握节约材料的方法，降低材料废品率。

（4）严格规章制度控制

对施工班组进行技术以及奖罚制度培训，从而提高施工人员节约材料的意识。要求进行材料检查、抽检测试，监督材料合理使用、回收利用工作，严格控制材料规格和质量，避免大材小用、优材劣用。

（5）材料的包干使用控制

工程中辅助材料很多，如管理不善会造成材料的极大浪费，对于辅助材料的管理，建立材料包干经济责任制，推行仓库管理承包、材料资金包干等经济承包制度。

（6）技术措施控制

采用先进的施工工艺等可降低材料消耗，例如，改进材料配合比设计，合理使用化学添加剂；精心施工，控制构筑物和构件尺寸，减少材料消耗；改进装卸作业，节约装卸费用，减少材料损耗，提高运输效率；经常分析材料使用情况，核定和修订材料消耗定额，使施工定额保持平均水平。

3.控制机械费用

机械一般通过租赁方式使用，因此必须合理配备施工机械，提高机械设备的利用率和完好率。施工机械使用费的控制，主要从台班数量和台班单价两个方面控制。

4.控制分包费用

有些作为总包的施工单位，由于其施工的资质有限和充分利用市场配置资源的需要，会将诸如桩基础、弱电、消防、栏杆、门窗等部分工程分包给具有相应专业施工资质的企业施工。由此带来分包费用的控制是施工项目成本控制的重要工作之一，项目经理部在确定施工方案的初期就要确定需要分包的工程范围。对分包费用的控制，主要是要做好分包工程的询价、订立平等互利的分包合同、建立稳定的分包关系网络、加强施工验收和分包结算等工作。

（三）施工成本的分析方法

由于水利水电施工项目成本涉及的范围很广，需要分析的内容也很多，应该在不同的情况下采取不同的分析方法。本节把它分为成本分析的基本方法与综合分析方法。

1.基本方法

（1）比较法

比较法又称“指标对比分析法”，是成本分析的主要方法，是通过技术、经济指标数量的对比，检查计划的完成情况，分析产生差异的原因和影响程度，进而采取有效措施进行成本控制，并挖掘内部潜力的方法。该方法具有通俗易懂、简单易行、便于掌握的特点，因而得到了广泛的应用，但在应用时必须注意各技术经济指标的可比性，而且在比较中，既要看降低成本额，又要看降低成本率。

比较法的应用，通常有下列形式：①将实际指标与计划指标对比。通过这种对比，可以检查计划的完成情况，分析完成计划的积极因素和影响计划完成的原因，以便及时采取措施，保证成本目标的实现。②将本期实际指标与上期实际指标对比。通过这种对比，可以看出各项技术经济指标的动态情况，反映施工项目管理水平的提高程度。在一般情况下，一个技术经济指标只能代表施工项目管理的一个侧面，只有成本指标才是施工项目管理水平的综合反映，因此成本指标的对比分析尤为重要，一定要真实可靠，而且要有深度。③将本企业与本行业平均水平、先进水平对比。通过这种对比，可以反映本项目的技术管理和经济管理与其他项目的平均水平和先进水平的差距，进而采取措施赶超标杆企业，力争达到先进水平。

（2）因素分析法

因素分析法又称连环置换法，这种方法可用来分析各种因素对成本的影响程度。在进行分析时，首先要假定构成成本的众多因素中的一个因素发生了变化，而其他因素则不变，然后逐个替换，分别比较其计算结果，以确定各个因素的变化对成本的影响程度。

（3）差额计算法

这是因素分析法的一种简化形式，它利用各个因素的目标值与实际值的差额来计算其对成本的影响程度。

（4）比率法

比率法是指用两个以上的指标的比例进行分析的方法。它的基本特点是，先把对比分析的数值变成相对数，再观察其相互之间的关系。

2.综合分析方法

所谓综合成本，是指涉及多种生产要素，并受多种因素影响的成本费用，如分部分项工程成本、月（季）度成本、年度成本等。

（1）分部分项工程成本分析

由于施工项目包括很多分部分项工程，通过主要分部分项工程成本的系统分析，可以基本上了解项目成本形成的全过程，所以分部分项工程成本分析是施工项目成本分析的基础。分部分项工程成本分析的对象为已完成的分部分项工程。分部分项工程成本分析的方法：进行预算成本、目标成本和实际成本的“三算”对比，分别计算实际偏差和目标偏差，分析偏差产生的原因，为今后的分部分项工程成本寻求节约途径。

（2）月（季）度成本分析

月（季）度成本分析是施工项目定期的、经常性的中间成本分析，月（季）度成本分析的依据是当月（季）的成本报表。企业可采用每月（季）一次的成本分析制度，分析成本费用控制的薄弱环节，提出改进措施，让主管和员工时刻关心计划控制实施状况。

（3）年度成本分析

依据年度成本报表，其分析内容除月（季）度成本分析的六个方面外，重点是针对下一年度的施工进展情况的规划，采取切实可行的成本管理措施，以保证施工项目成本目标的实现。企业成本要求一年结算一次，不得将本年成本转入下一年度。而项目成本则以项目的寿命周期为结算期，要求从开工到竣工到保修期结束连续计算，最后结算出成本总量及其盈亏。

（4）竣工成本的综合分析

几个单位工程单独进行成本核算（即成本核算对象）的施工项目，其竣工成本分析应以各单位工程竣工成本分析资料为基础，再加上项目经理部的经营效益（如资金调度、对外分包等所产生的效益）进行综合分析。如果施工项目只有一个成本核算对象（单位工程），就以该成本核算对象的竣工成本资料作为成本分析的依据。单位工程竣工成本分析应包括竣工成本分析、主要资源节超对比分析、主要技术节约措施及经济效果分析。

第三节 水利水电工程施工分包管理

随着水利水电工程项目分包比重的逐渐加大，各种不规范分包现象时有发生，在工程招投标及执行合同过程中，应该从合同管理、资质审查等方面着手，加强分包队伍和工程分包管理，以保证整个工程项目的安全运行。鉴于此，本节从不同角度针对水利水电工程施工分包管理展开了一系列分析，希望可以为同行的研究带来一些参考。

水利水电工程分包对于建筑行业组织结构的优化起到了非常重要的作用，是提高生产效率的需要，工程分包管理直接影响到了企业的信誉及经济效益，慎重选择是分包管理工作中的关键环节，重点要将分包队伍选择关把好，同时进一步规范分包合同管理，不断规范分包队伍管理和建设。[①]

一、水利水电工程施工分包简析

随着近年来建筑业项目管理体制改革的进一步发展，建筑业中劳务层和管理层开始不断分离，这种情况下大量建筑劳务队伍开始出现，建筑业开始初步形成现有的企业组织结构形式，该组织结构以专业施工企业为骨干，以施工总承包为龙头，以劳务作业为依托，这种组织结构形式是面向未来的建筑行业组织结构，是大型水利水电企业充分利用社会资源的需要。

随着水利水电工程建设市场的不断繁荣，大量分包开始出现，施工队伍总承包及分包组织形式开始逐渐走向成熟。相关资料表明，近年来水利水电工程专业分包呈现大幅增长的趋势，有一些企业已经达到了70%，对于总承包单位来说选择和管理分包单位非常重要，由于合同的全部责任都需要总承包单位来承担，如果可以将分包单位选择、管理好，那么就可以为工程施工任务的全面完成提供保障，如果选择、管理得不好，将会面临施工进度落后，安全和质量得不到保证等一系列问题，所以，工程分包管理直接关系到建筑企业的信誉及经济效益。

①王蓉芳.浅谈水利水电工程施工分包管理[J].低碳世界，2019，9（07）：139-140.

二、水利水电工程分包存在的问题

（一）工程分包和劳务分包监管不力

目前工程分包资质借用现象十分严重，水电建设行业中有很多资质不够的小型施工队伍混入，这些施工队伍和第三方签订合同，履行工程分包商的义务，还有非法转包及违法分包等现象大量存在。目前有很多分包队伍的素质、管理水平及技术能力，都不能与工程建设需求相符合，他们主要依赖主承包商的管理。

（二）分包商选择不规范

现阶段很多主承包方并没有建立起资源共享体制，多数情况下都以项目经理为主，而分包商则听从项目经理的指挥，分包商的选择主要由项目经理决定，这种现象目前非常普遍。在此情况下，对分包商选择的范围被限制，其市场化程度也不高，还有一些项目部在评审工作中缺少规范化，没有针对新引进的反包方进行详细的考察，很多分包队伍的素质并不高，这对工程主合同的顺利履约产生了不良影响。

（三）分包工程履约过程监督力度不强

目前各水电大型企业都存在人员配备不足的问题，很多项目的规模非常大，其人员分布比较分散，加上工作面多，很多主承包商为了获得更大的经济效益，直接降低了管理成本，因此出现了工程管理力量不足等问题，出现了严重的“以包代管”现象。如果监理和业主因为合同内工程问题受到了处罚，往往会将罚款转嫁给劳务分包人。

（四）总承包人和分包人之间合同纠纷频繁

之所以总承包人会与分包人之间产生合同上的纠纷，主要原因可以从以下几个方面分析：①各企业在签订分包合同时会被迫接受一些不公平条款；②签订合同不及时，为了抢工期，分包人会及时组织人员开始施工，然后再协商单价；③因为管理不善分包人的利益会受到损失，一旦遭遇亏损，分包人会降低产品质量，或者利用各种借口变更合同。

三、加强施工分包管理的对策与措施

（一）加强工程合同管理

监理和建设单位应严格按照合同内容，严格监管施工合同分包情况，对工程允许分包范围进行严格控制，并制定出工程分包管理办法，对分包合同审批制度进行严格的执行，落实谁审批谁负责的原则，建立分包管理台账。

分包合同条款的编制一定要严格，不断完善分包合同范本，并对其进行强制推行，基于设备、合同及人员建立管理台账，并定期针对合同阶段及支付进行对比和分析，进一步加强项目部成本管理。此外，还要严格分包单价测算，分包商选用应朝着公开化、市场化的方向发展，注意及时签订合同，并在合同中明确工程建设目标及管理办法。

劳务分包的推行是很有必要的，但是施工过程中会需要很多大型的机械和工具，这些机械和工具还要由主承包方管理，并对工程分包和租赁分包进行限制，不能进行“提点式”转包。这不仅对主承包方的管理非常有利，可以帮助其增强对项目的掌控，同时主承包方也更容易对分包价格进行控制，促进经济效益的提高。

（二）分包方选择要公开，将“准入关”把好

发包方和主承包方都应按照相关法律要求，进一步明确分包商入场资质要求，建立起履约资信再审查等相关制度，在选定分包商时应体现市场化的特点，针对分包队伍安全生产许可证、营业执照及税务登记证等进行审查，同时加强市场调查，针对分包队伍的人员组成、工作业绩及工作实力等情况进行详细调查，不可以采用那些拖欠工资、发生劳务纠纷的队伍。此外，各主承包方应建立起信息档案，并将履约过程中的资信再评价等相关工作做好，严禁使用已经列入“黑名单”的队伍。

（三）建立规范有序的分包管理机制

主承包应该将相关法律及合同作为主要依据，中标之后及时编制出分包策划，对分包项目及模式进行确定，并制订出详细的分包计划，经承建方审批以后才能开始实施。主承包方应对相关约定及管理义务进行正确的履行，按照发包方的要求及工程特点加大人员投入，建立起有序的管理机制，将其发送给不同分包方，并要求各分包方建立起合理的办法与制度，切实履行相关监督及管理职责。主承包方可以从识别分包风险开始着手，制定出风险防范及控制预案，并对各项防范措施进行认真的落实，重视不同分包商履行合同的进展情况，并按照实际需要对风险控制预案进行落实。

（四）建立健全考核及奖惩制度

发包方和监理方应针对各分包商人员设备投入建立台账，并按照合同要求督促承包商进行及时的调整，增加管理和技术人员的比例，保证履约的有效性。同时，还要针对承包商建立质量、安全及考核等台账，对相关数据进行及时的收集，并进行对比分析，及时清退“老大难”分包队伍，并做好分包商履约过程中的相关管理工作。此外，主承包方还应有针对性地建立考核及奖惩制度，不能简单地将因为自身原因造成的亏损转嫁给各分包方，还要树立起示范队伍和先进典型，提高分包队伍履约的主动性，营造良好的竞争氛围。

综上所述，随着近年来我国水利水电工程项目管理水平的不断提高，工程分包管理获得了极大的进步，但是项目建设需要及经济发展上还存在很大差距，怎样对现有分包法律法规进行优化，切实改变分包商的经营理念，形成良好的竞争氛围，还需在未来的工作中进行不断的探索和研究。

第四节 水利水电工程施工管理中锚杆的锚固与安装

随着我国经济的发展，高楼大厦拔地而起，因此，一些隧道、边坡加固的工程越来越多，而水利水电工程的施工管理中，锚杆的锚固和安装，在施工过程中都有很大的作用，施工质量的好坏也将影响着整个工程。

作为国家的基础设施，水利水电工程属于我国主要的发展项目，其中水利水电工程的施工也成了项目的核心问题，而水利水电工程的施工管理也成了整个项目完成的关键要素，所以在水利水电工程中，施工管理存在很多的特点：①复杂的自然环境使其施工难度增加；②工程较大也会因时间问题受到市场经济的影响。由于外在因素过多，每个位置锚杆的锚固和安装在工程中就显得尤为重要，在水利水电工程中，因环境因素带来的风险最为常见，所以在对锚杆的锚固和安装上也要采取特别的方式。①

①高永春.水利水电工程施工管理中锚杆的锚固和安装[J].四川建材，2018，44（03）：205-206.

一、锚杆的选材

按照设计方案选取相对优质的材料，每一批材料都要进行检查，确保质量合格后才可以进行采购和施工。首先确定锚杆的类型，根据不同的环境使用的锚杆类型也是有所不同，比如明挖边坡，需采用水泥砂浆全长注浆的锚杆或者是水泥卷锚杆，用作永久性支护和对施工初期支护的锚杆，属于自进式锚杆；还有一种就是在地下洞室支护所使用的锚杆，是选取楔块或胀壳以及树脂等辅助物品进行两端的锚固，用于建筑施工临时性的支护，属于药卷锚杆。对于锚杆材料上的选材，要根据建筑的环境按照施工图纸上要求，选取建筑物所需要的材质，对其他辅助材料，如水泥、水泥砂浆、砂、树脂，还有一些外加剂都要进行严格的控制，在合格的前提下，必须按照图纸上对应的要求数量及比例进行融合，以此保证锚杆的锚固力和锚固效果。

二、施工前准备

认真分析施工图纸，熟悉相关施工技术方案，在进行锚固前，准备好施工材料等相应设备，对安全设备等也要进行认真检查，有应对突发状况的措施，根据现场的需要，设置一定的安全防护，让工作人员有一定的安全意识，从而使工作有效的进行。现场对锚杆进行施工前，还会对锚杆进行试验工作。多准备几组砂浆配合比，进行分析实测，挑选出最合适比例的，根据现场的需求进行注浆，并对其养护，随后检验注浆的密实度。

当锚杆进行锚固时，要对周围的环境进行考察，对周边有碎石、边坡等情况进行安全处理，结合对周围环境的勘测判断周围的稳定状态，以便及时进行调整，避免有人在锚固和安装过程中受伤。不同类型的锚杆要求也不尽相同，周围环境等外在因素会导致压力等技术参数的不同，因此，也要分别进行实测处理，根据检验报告采取合适的方法再进行施工。对于水利水电工程常用的砂浆锚杆，砂浆作为锚固剂，这种锚杆安装便捷，但要注意的是锚固力不是很强，所以在施钻时，一定要选用符合要求的钻头，钻孔点也要有明显的标志，以减少开孔位置上出现的偏差，应在锚杆孔的孔轴方向上。对于孔面的平行或垂直，对滑动面的倾斜角度图纸上都有一定要求，必须按要求执行，深度上也会有一定的数值，偏差率不能超过其规定范围内。钻孔结束后，对每一个钻孔都要进行认真的检查及处理，利用水或风力进行清洁，结束后对钻孔进行密封，在锚杆安装时，对钻孔再一次检查，确保其内部清洁。对于钻孔直径上的要求，要根据锚杆的直径进行划分，随着锚杆的直径越大钻孔口的直径相对变大，而钻头的直径还要大于钻孔的直径。

三、锚杆的安装

锚杆分为很多种，针对不同的锚杆，其安装方法也有不同。

胀壳式锚杆在安装前，需要对锚杆的临时构件进行锚固，以保证楔子能够正常滑行，在锚杆进入一定的深度时，及时地按照扭矩要求拧紧锚杆，而树脂卷端头锚固的锚杆，因为对树脂卷存放有要求，所以保存不当会影响树脂卷的使用。所有锚杆在安装前，先用杆体进行钻孔深度的测量，标记好相应位置，再用锚杆把树脂卷送到固定位置上，进行对树脂卷的搅拌，再加以安装。倒楔式锚固锚杆在安装前，为了防止安装时的脱落，必须打紧锚块，楔形块体也要在锚杆的三分之二处捆紧，安装完成后及时上好托板，拧紧螺帽。

就是楔缝式锚杆在安装过程中，一定要注意楔子不能够偏斜，完成后如倒楔式锚杆一样要及时上好托板，拧紧螺帽。在进行锚固时，锚杆孔的位置一定要准确，尽量零误差，若出现不可避免的误差，误差率要控制在一定的数值内，孔的深度上要与锚杆长度一致，按照锚杆的长度进行打孔，打好后，将孔内的积水、碎石等物体处理干净，钻孔到需要深度时，用水或空气对孔进行清洁处理，并检查孔是否畅通。如需要木点柱打设，也要注意其工作间距和位置，并且在木点柱打设的位置选择上，也有一定的要求。在锚杆的注浆上，要按照一定量的配合比，在其规定的范围内进行注浆，如超过规定范围，浆液将失去本身的作用，需再重新调配浆液，然后根据插杆的先后顺序依次进行注浆，注意在其砂浆凝固前，不能对锚杆进行随意破坏。在角度方面，需根据锚杆的长度进行倾斜，锚杆插送的方向上也要与钻孔的方向相同，利用人工插送适当地进行旋转，插送的过程中，速度要有一定的控制，不能太快，要匀速缓慢地进行，无论是先注浆还是先插锚杆，在灌浆过程中，都要注意是否有浆液从锚杆附近流出，如有流浆情况，立即进行填堵，搅拌的浆液也必须在一定的时间里进行使用，如遇到灌浆中断情况，立即停止灌浆，按照最开始的进度进行处理，重新安装锚杆，最后采用锚固剂进行封孔。

四、锚杆的锚固

采用对锚杆的注浆方式进行锚固，首先就要检查注浆的机器以及配件上是否准备完好，机器的运作上是否正常，进行注入的水泥砂浆或水泥浆的密度、湿度等是否符合锚杆的要求。利用水或者空气对钻孔进行清洁处理后，调节水和水泥浆水灰等的比例，而从机器中出来的砂浆，一定要均匀，保证没有粒砂或凝结块的出现。然后把锚杆和注浆管进行连接，向钻孔中进行灌注，一次性地完成，如果过程中注浆管被堵住，立即停止注浆，对注浆管进行清洗处理，关闭机器，待机器完全停止运转时，分开连接处，卸下各处接管，对钻孔进行重新清洁处理，再一次进行灌注。当对一根锚杆进行注浆完成后，立即对注浆管和锚杆进行分离，清洗接头，然后安装在下一根锚杆上，再持续进行注浆。在对钻孔进行灌浆的整个过程中，工作人员之间要有良好的配合，能够积极进行紧急处理，互相配合完成灌浆任务。在浆液凝固前，确保锚杆不被随意破坏。在锚杆用作支护时，控制少量的倾斜度，外漏的部分需要有东西来当作锚固的支撑。

五、注浆锚杆的质量检查

对锚杆材质上的检查，要保证每条锚杆都是合格的产品，施工者要按照施工图纸上的材料进行采购，并让生产商提供质量合格证明，采取抽查方式，检测锚杆的质量。对注浆工艺上的检测，在进行钻孔灌浆前，要寻找与现场使用锚杆直径、长度等相同的钢管或塑料管等成本相对较低的物品，与现场注浆材料相同的砂浆按照相应比例进行拌制，先按照现场灌浆的步骤进行实测，再用同样的方法养护观察一周，然后再观察其密度和锚固情况，对类型长度不同的锚杆分别进行实测，并将实验报告加以分析，采取最适合的灌浆方法进行实际施工。对钻孔的大小，也要选取合适的规格进行实测后方可进行施工，对锚杆长度、砂浆密度等要采取无损的检测方法，使其达到规定的范围内，最后进行锚固试验，观察其效果，使其最后拉力方向与锚杆轴线一致。

六、锚杆的验收

在对上述情况进行有效的测验、抽查后，工作人员每一项的实验记录和抽查结果都要进行记录，上交给监理人员，在监理人员签字并验收后，方可进行工程的实施。

在水利水电工程施工管理中，锚杆的锚固和安装都对工程有着很大的影响，锚杆和锚固安装的优良度对整个工程的完成有着很重要的保障作用。所以，无论是监理人员，还是工程承包人，都应该重视水利水电工程施工中的管理制度，重视锚杆的锚固和安装，在其质量上严格把关，若出现注浆等问题，及时采取相应的措施，严谨对待每一步注浆过程，工作人员也要有及时的应对措施，施工的水平和态度都是对工程质量的保证，端正态度，也是做好工程的重要步骤。

第六章 水利水电工程建设与质量管理及控制

第一节 水利水电工程施工质量控制基础

一、水利水电工程建设程序及质量管理体制

（一）水利水电工程项目建设程序

1.基本建设概念和程序

（1）基本建设概念及内容

基本建设是指固定资产的建设，即建筑、安装和购置固定资产的活动及其与之相关的工作。基本建设包括以下工作内容（见表6-1）。

表6-1 基本建设的工作内容

项目	具体内容
设备工器具的购置	它是指建设项目需要购置的机电设备、工具、器具，都属于固定资产。
建筑安装工程	它是基本建设的重要组成部分，是工程建设通过勘测、设计、施工等生性活动创造的建筑产品。其包括建筑工程和设备安装工程，建筑工程包括各种建筑物和房屋的修建、金属结构（如闸门等）的安装、安装设备的基础建设
其他基建工作	指不属于上述两项的基建工作，如勘测、设计、科学试验、淹没及迁移

（2）基本建设程序的概念

基本建设程序是指基本建设项目从决策、设计、施工到竣工验收全过程中，各项工作必须遵循的先后次序。任何一项工程的建设过程，都存在着各阶段、各步骤、各项工作之间一定的不可破坏的先后联系。在水利水电工程项目建设中，存在违反建设程序的事例，比如“四边”建设，它就是边勘察、边设计、边施工、边投产，正常的建设程序是从设想、勘察、评估、决策、设计、施工到竣工投产，这种“四边”工程违背了建设程序，必然要出

问题，造成的损失往往是巨大的。

2.水利水电工程项目建设程序

结合水利水电工程的特点（工程建设规模大、施工工期相对较长、施工技术复杂、横向交叉面广、内外协作关系和工序多）和建设实践，水利水电工程的基本建设程序是依据国家或地区总体规划以及流域综合规划，提出建设项目建议书，进行可行性研究和项目评估决策，然后进行勘测设计，初步设计经过审批后，项目列入国家基本建设年度计划，并进行施工准备和设备、材料订货、采购，开工报告批准后正式施工，建成后进行验收投产。它分为3个阶段：前期工作阶段（项目建议书、可行性研究、初步设计）、建设期阶段（招标设计与施工详图设计、编制年度计划、设备订货和施工准备、组织施工）、后期工作（生产准备、竣工验收及投产运行）。

（1）项目建议书

它是在流域规划的基础上，由主管部门提出的工程项目的轮廓设想，也就是工程项目的目标、任务，主要是从客观上衡量分析工程项目建设的必要性（如防洪、除涝、河道、灌溉、城镇和工业供水、跨流域调水、水力发电、垦殖和其他综合利用）和可能性，即分析其建设条件是否具备，是否值得投入资金和人力，是否进行可行性研究。

（2）可行性研究

可行性研究是运用现代生产科学技术、经济学和管理工程学对建设项目进行技术、经济分析的综合性工作。其任务是研究兴建或扩建某个项目在技术上是否可行，经济上是否显著，财务上是否盈利，建设中要动用多少人力、物力和资金，建设工期多长，如何筹集资金等重要问题，因此，可行性研究是进行项目决策的重要依据。

（3）初步设计

通过不同方案的分析比较，论证本工程及主要建筑物的等级标准；选定坝（闸）址；工程总体布置；主要建筑物型式和控制尺寸；水库各种特征水位；装机容量；机组机型；施工导流方案；主体工程施工方法；施工总进度及施工总布置等。

（4）施工详图设计

按照初步设计所有确定的设计原则、结构方案和控制尺寸，根据建筑安装工作的需要，分期分批地制定出施工详图，提供给施工单位，据此施工（初步设计完成后进行招标文件编制并开始招标）。

（5）制定年度建设计划

水利水电工程建设周期长，要根据批准的总概算与总进度，合理安排分年度施工项目和投资。年度计划的实施内容要和当年分配的投资、材料、机械设备、劳务等要素相结合。

（6）设备订货和施工准备

建设项目具有批准的初步设计文件和批准的建设计划后，就可以进行主要设备的采购订货和施工准备。

（7）施工

施工准备基本就绪后，应由建设单位提出开工报告，并经过批准后才能开始施工。

（8）生产准备

建设项目进入施工阶段后，建设单位在加强施工管理的同时，也要着手做好生产准备工作，保证工程一旦施工，即可投产运行。

（9）竣工验收、交付使用

竣工验收是全面考核建设工作、检查工程是否合乎设计要求和质量要求的重要环节。

（二）工程建设实行的制度及质量监督体系

1.工程建设实行的制度

（1）我国水利水电工程建设项目推行的三项制度

具体包含：①项目法人制（法人是具有民事权利能力和民事行为能力，依法独立享有民事权利和承担民事义务的组织。简言之，法人是具有民事权利主体资格的社会组织。有时将法人代表也称为法人，在这里指建设单位）。②招标投标制。③建设监理制。

（2）水利工程质量管理有关规定

在水利水电工程项目建设中，水利部在《水利工程质量管理规定》（水利部令第52号）中明确规定：水利工程质量实行项目法人（建设单位）负责、监理单位控制、施工单位担保和政府监督相结合的质量管理体制。习惯上人们常把它简化为“法人负责、监理控制、施工保证、政府监督”十六字箴言。

法人负责：项目法人是工程项目建设的主体，对项目建设的进度、质量、资金管理和生产安全负总责，并对项目主管部门负责。项目法人在建设阶段的主要职责：组织初步设计文件的编制、审核、申报等工作；按照基本建设程序和批准的建设规模、内容、标准组织工程建设；根据工程建设需要组建现场管理机构，并负责任免其主要行政及技术、财务负责人；负责办理工程质量监督和主体工程开工报告的报批手续；负责与项目所在地地方人民政府及有关部门协调解决好工程建设外部条件；依法对工程项目的勘察、设计、监理、施工和材料及设备等组织招标，并签订有关合同；组织编制审核、上报项目年度建设计划；落实年度工程建设资金；严格按照概算控制工程投资，用好管好建设资金；负责监督检查现场管理机构建设管理情况，包括工程投资、工期、质量、生产安全和工程建设责任制情况等；负责组织制定、上报在建工程度汛计划和相应的安全度汛措施，并对在建工程安全度汛负责；负责组织编制竣工决算；负责按照有关验收规程组织或参与验收工作；负责工程档案资料的管理，包括对各参建单位所形成档案资料的收集、整理、归档工作进行监督检查。

监理控制：监理单位是具有一定资质的、有完整的、严密的组织机构及相应的工作制度、工作程序和工作方法的管理部门，代表业主的利益，是一种中介机构。监理单位受项目法人的委托，代表建设单位监督控制工程项目的实施，建设单位授予监理单位一定的权限，以保证工程建设期间工程的顺利进行，其中“质量认证和否决权”及“工程付款凭证签字认可权”尤为重要，监理单位为工程施工现场派驻监理工程师，实行监理监督权力。监理对工程建设实行“三控制、两管理、一协调”，“三控制”就是质量控制、进度控制和资金控制，“两管理”就是项目管理和合同管理，“一协调”就是协调参建各方的关系。在质量管理方面，施工企业（承包商）在现场监理工程师的监督下，每道工序必须在“三检”（初检、复检、终检）合格的基础上，经监理工程师检查认证合格，方可进行下一道工序施工，未经质量检验或检验不合格的，不能验收，不得支付工程进度款。监理工程师还有权对质量可疑的部位进行抽检，有权要求施工承包商对不合格的或有缺陷的工程部位进行返工或修补。实行建设监理制，就是要把工程建设的施工质量严格置于监理工程师的控制之下。

施工保证：质量是做出来的，不是检查、验收出来的，施工质量好坏的直接责任者是施工单位。因此，施工企业内部各部门、各个环节的经营管理必须是有机的、严密的组织，应明确他们在保证工程或产品质量方面的任务、责任、权限、工作程序和方法，从而形成一个有机的质量保证体系。工程建设质量保证体系，一般由思想、组织和工作三方面组成：①思想保证。思想保证就是所有参加工程建设的职工，要有浓厚的质量意识，牢固地树立“质量第一，用户第一”理念，掌握全面质量管理的基本思想、观点和方法。这是建立施工质量保证体系的前提和基础。②组织保证。组织保证就是要求管理系统中各层次的各专业技术管理部门，都要有专职负责质量职能工作的机构和人员，在操作层要设立兼职或专职的质量检验与控制人员，担负起相应的质量职能活动，以形成工程建设的质量管理网络。③工作保证。工作保证的关键是施工过程或者称之为施工现场的质量保证，因为它直接影响到工程质量，它一般由“质量检验”和“工序管理”两个方面组成。质量检验包括：原材料及设备检验、工序质量检验和成品质量检验。工序管理包括：开展群众性质量管理活动进行工序分析（比如，质检员召开施工班组人员会议，分析讲解施工工序质量把关的重点和难点，把质量管理责任层层分解，落实到人，实行人人理解掌握、人人严格执行的良好氛围），严格工序纪律，管好影响工序质量因素中的主导因素，建立工序检验点，明确重点，加强工序管理。

政府监督：国家将政府质量监督作为一项制度，以法规的形式在《建设工程质量管理条例》中加以明确，这就强调了工程建设的质量必须实行政府监督管理。政府监督具有以下特点：①具有权威性。因为质量监督体现的是国家意志，任何单位和个人从事工程建设活动，都必须服从这种监督管理。②具有强制性。这种监督是由国家的强制力来保证的，任何单位和个人不服从这种监督管理将受到法规的制约。③具有综合性。因为这种监督管理并不局限于某一方面，而是贯穿于工程建设阶段的全过程，并适用于建设单位、勘察单位、设计单位、建设监理单位和施工企业。工程质量监督的主要内容：对监理、设计、施工和有关产品制作单位的资质进行复核；对建设、监理单位的质量检查体系和施工单位的质量保证体系及设计单位现场服务等实施监督检查；对工程项目的单位工程、分部工程、单元工程的划分进行监督检查；监督检查技术规程、规范和质量标准的执行情况；检查施工单位和建设、监理单位对工程质量检验和质量评定情况；在工程竣工验收前，对工程质量进行等级核定，编制工程质量评定报告，并向工程验收委员会提出工程质量等级的建议。水利工程建设项目质量监督以抽检为主，大型水利工程应建立质量监督项目站，中小型水利工程可根据需要建立质量监督项目站（组），或进行巡回监督。

2.建设工程质量监督体系

建设工程质量监督体系，是指建设工程中各参建主体和管理主体对建设工程质量监督控制的组织实施方式。也就是工程建设中，政府主管部门，业主，承包商，勘察设计单位，检测单位，工程监理单位，材料、构配件、设备供应单位在建设工程质量监督控制中各自的控制职能和作用。它包括直接参建主体的质量审核控制，业主及代表业主利益的监理单位等中介组织对参建主体质量行为和活动的督促监督，以及代表政府和公众利益的政府质量监督3个层次。建设工程的政府监督是监督体系的最高层次，其监督的内容涵盖建设工程所有参建主体的质量行为和实体质量，是整体全面的监督控制。①

二、水利水电工程项目划分与工程质量评定

（一）水利水电工程项目划分

1.基本概念

（1）单元工程

单元工程指分部工程中由几个工种施工完成的最小综合体，是日常质量考核的基本单位。

（2）分部工程

分部工程指在一个建筑物内能组合发挥一种功能的建筑安装工程，是组成单位工程的各个分支部分。对单位工程安全、功能或效益起控制作用的分部工程称主要分部工程。

①甄亚欧，李红艳，史瑞金.水利水电工程建设与项目管理[M].哈尔滨：哈尔滨地图出版社，2020.

（3）单位工程

单位工程指具有独立发挥作用或独立施工条件的建筑物。

2.项目划分

工程项目划分按从高到低、从大到小的顺序进行，这样才能有利于从宏观上对工程项目施工质量进行有序评定。

水利水电工程项目划分方法是根据水利工程特点和水利部颁发的有关规定进行的。枢纽工程，一般可根据总体布置、设计功能和施工布置等因素，把有独立发挥作用或独立施工条件的建筑物划为一个单位工程；而每一个单位工程，又进一步按其组合发挥一种功能的建筑安装工程，划分若干个分部工程，而每个分部工程又是由若干个工种、工序完成的众多单元工程所组成。

（1）单元工程划分

单元工程是日常考核工程施工质量的基本单位，划分原则如下。

其一，枢纽工程中的单元工程是依据设计结构、施工部署或便于进行质量控制和考核的原则，把建筑物划分为若干个层、块、段来确定的。例如，混凝土工程中的一个浇筑仓、土石坝工程中的一个填筑层等。

其二，渠道工程中的明渠（暗渠）开挖填筑单元工程、衬砌单元工程，可按渠道施工缝、变形缝或结构缝划分。

其三，堤防工程可根据施工方法与施工进度划分单元工程。如土方填筑，可按层、段划分；防护工程按施工段划分等。在实际工程建设中，对于堤身填筑断面较大的分层碾压的堤身填筑工程，通常以日常检查验收的每一个施工段的碾压层作为一个单元工程，这样便于进行质量控制和考核。但对于堤身断面较小的堤身填筑工程，一般规定按堤身长度200~500米或工程量1000~2000立方米来划分单元工程。

单元工程划分注意事项包括以下几个方面：同一类型的单元工程的工程量不宜相差太大，最好尽量做到不超过50%；同一个分部工程中的单元工程数量不宜太少，一般不少于3个，不然不利于分部工程的质量评定工作；有工序的单元工程，应先评定各工序的质量等级，各工序质量等级评定结果均应参加单元工程的质量评定。无论如何划分单元工程，都要有利于质量检验评定，使其能够取得较完整的技术数据。

（2）分部工程划分

分部工程是指在一个建筑物内能组合发挥一种功能的建筑安装工程，是组成单位工程的各个部分。对单位工程的安全、功能或效益起控制作用的分部工程称为主要分部工程。分部工程划分是否恰当，对单位工程质量等级评定影响很大。因此，分部工程划分时，主要遵循以下原则。

第一，枢纽工程中土建工程按设计或施工的主要组成部分划分分部工程；金属结构、启闭机和机电设备安装工程按组合发挥一种功能的建筑安装工程来划分分部工程；渠道工程和堤防工程可依据设计、施工部署或功能划分分部工程。

第二，在同一单位工程中，同类型的各个分部工程（混凝土分部工程）的工程量不宜相差太大，一般不宜超过50%；不同类型的分部工程，如混凝土分部工程与砌石分部工程的投资不宜相差太大，一般不宜超过50%。

第三，为了使单位工程的质量评定更为合理，对每个单位工程中分部工程的数目也要有一定要求，一般不宜少于5个。

（3）单位工程划分

单位工程是指具有独立发挥作用或独立施工条件的建筑物。单位工程通常可以是一项独立的工程，也可以是独立工程中的一部分，是按设计和施工部署进行划分的，一般遵循以下原则进行。

第一，枢纽工程，以每座独立的建筑物为一个单位工程。如工程规模大时，也可将一个建筑物中具有独立施工条件的一部分划分为一个单位工程。

第二，渠道工程，按渠道级别（干、支渠）或工程建设期、段划分，以一条干（支）渠或同一建设期、段的渠道工程为一个单位工程，大型渠系建筑物可划分为一个单位工程，每座独立的建筑物也可作为一个单位工程。

第三，堤防工程，一般根据设计和施工部署划分为堤身、堤岸防护、交叉连接建筑物和管理实施等单位工程。

（二）工程质量评定

施工质量等级评定时，是从底层（或叫低层）到高层依次顺序进行的，这样可以从一开始就按照施工工序、工艺和有关技术规程要求进行，以便在施工过程中把好质量关，并由低向高逐级进行检查、检测，这是把好质量关的关键。它与工程项目划分相反，工程项目划分是由高到低。所以评定工作是按照单元工程、分部工程、单位工程、整个工程项目的顺序进行。

1.单元工程质量等级评定

工程施工质量等级按国家规定划分为“合格”与“优良”两个级别。单元工程、分部工程、单位工程以及整个工程项目都一样，都各自划分为合格与优良两个等级。单元工程质量检验评定是在施工单位做好“三检制”的基础上，由施工单位质检部门组织评定，并填写质量评定意见，最后由监理单位复核而定。

监理单位在复核单元工程质量等级时，除应检查工程现场外，一定还要对该单元工程的施工原始记录和质量检验、检测记录等资料进行查验，必要时应进行抽检。单元工程质量评定表中应明确记载监理单位对单元工程质量等级的复核意见。“单元工程质量评定表”由施工单位终检责任人填写，质量等级栏目由负责该单元工程监理工作的监理人员填写。

单元工程质量等级评定的依据是《水利水电基本建设工程单元工程质量评定标准》（以下简称《评定标准》），是进行工程质量等级评定的基本尺度，《评定标准》中《金属结构及启闭机械安装工程》规定，主要项目必须符合标准，一般项目检查的实测点有90%及以上符合标准，其余基本符合标准的就可以评定为合格。在合格的基础上，优良项目占全部项目的50%及以上，应评为优良。水利工程建设不允许有不合格工程，不合格就不得验收，必须处理，直至合格通过验收为止，方可进行下一道工序施工或交工验收。单元工程（或工序）质量达不到《评定标准》合格规定时，必须及时处理。

其质量等级按下列规定确定：①全部返工重做的，可重新评定质量等级。②经加固补强并经鉴定能达到设计要求时，其质量只能评为合格。③经鉴定达不到设计要求，但建设（监理）单位认为能基本满足安全和使用功能要求的，可不加固补强；或经加固补强后，改变外形尺寸或造成永久性缺陷的，经建设（监理）单位认为基本满足设计要求时，其质量可按合格处理。

2.分部工程质量等级评定

（1）分部工程质量等级评定标准

合格标准：所含单元工程质量全部合格。中间产品质量及原材料质量全部合格，金属结构和启闭机制造质量合格，机电产品质量合格。

优良标准：所含单元工程质量全部合格，其中有50%及以上达到优良，而且主要单元工程、重要隐蔽工程及部位的单元工程质量必须优良，且未发生过质量事故。中间产品质量全部合格，其中混凝土拌和物质量达到优良，原材料质量、金属结构及启闭机制造质量合格，机电产品质量合格。

（2）分部工程质量评定工作的组织与管理

分部工程施工质量评定是在该分部工程所含的全部单元工程质量评定的基础上进行的。首先由施工单位质检部门组织自行评定，再由监理单位组织设计、施工、运行管理单位（如已成立）复核，并按规定连同填写的《分部工程施工质量评定表》一并报质量监督机构核备。

3.单位工程质量等级评定

（1）单位工程质量评定标准

合格标准：所含分部工程全部合格；中间产品质量及原材料质量全部合格，金属结构、启闭机制造和机电产品质量合格。外观质量得分率达到70%以上。

优良标准：所含分部工程全部合格，其中有50%及其以上达到优良，主要分部工程质量优良，且施工中未发生过重大质量事故。中间产品质量全部合格，其中混凝土拌和物质量达到优良，原材料、金属结构、启闭机制造和机电产品质量合格；外观质量得分率达到85%；施工质量检验资料齐全。

（2）单位工程质量评定工作的组织管理

外观质量评定：在单位工程质量等级评定之前，应由项目法人（建设单位）组织，质量监督机构主持，设计、监理、施工、质量检测、管理运行单位组成的工程外观质量评定组，进行现场检查、检测、评定外观质量。

评定要求如下：①评定组人数不应少于5人，大型工程不宜少于7人。②检测数量，全面检查后，抽测25%，且各项不少于10点。③评定等级标准，测点中符合质量标准的点数占总测点数的百分比为100%时，为一级；合格率为99.0%~99.9%时，为二级；合格率为70%~89.9%时，为三级；合格率小于70%时，为四级。其下方的百分数为相应于所得标准分的百分数。每项评定得分按下式计算。

各项评定得分 = 该项标准分 × 该项得分百分率 = 实得分/应得分

质量监督机构在核定时，应结合其对单位工程质量监督检查过程、质量抽检及资料检查等情况，并充分听取监理、设计、施工和运行管理单位的意见后，提出核定意见。

4.工程项目质量等级评定

（1）工程项目质量等级评定标准

合格标准：单位工程质量全部合格。

优良标准：单位工程质量全部合格，其中有50%及其以上的单位工程优良，且主要建筑物单位工程为优良（主要建筑物是指失事后将造成下游灾害或严重影响工程效益的建筑物，如堤坝、泄水建筑物、输水建筑物、电站厂房及泵站等）。

（2）工程项目质量评定工作的组织管理

首先由监理单位组织设计、施工和运行管理单位研究后，提出工程项目施工质量等级意见；同时，要完成“工程项目施工质量评定表”。

项目法人对监理的意见进行审查并签署意见后，报质量监督机构核定。

质量监督机构对项目法人提交的工程项目施工质量等级意见提出核定意见。同时，质量监督机构应在竣工验收时提交的《工程施工质量评定报告》中，向工程竣工验收委员会提出工程项目施工质量等级的建议。

竣工验收委员会在上述有关单位（包括初步验收）工作的基础上，最后鉴定工程项目的施工质量等级。

第二节 施工阶段质量控制的研究

水利水电工程质量控制的目的是确保水利水电工程项目质量目标全面实现，以此提高水利水电工程项目的投资效益、社会效益和环境效益。水利水电工程项目质量是按照水利水电工程建设程序，经过工程建设系统各个阶段逐步形成的。质量控制的任务：根据水利水电工程合同规定的工程建设各阶段的质量目标，对工程建设全过程的质量实施监督管理。

各阶段的质量目标不同，各阶段具有不同的质量控制对象和任务。施工阶段质量控制是水利水电工程项目全过程质量控制的关键环节。工程质量很大程度上取决于施工阶段质量控制。施工阶段的质量控制不仅是水利水电工程项目质量控制的重点，也是监理工程师质量控制的核心内容。监理工程师进行质量控制的工作主要集中在施工阶段。[①]

一、水利水电工程质量控制信息系统开发应用现状

（一）建设项目管理信息系统开发应用现状

国内外项目管理软件的发展大致经历了三个阶段，即第一层次是以实现项目管理基本功能为目的的系统软件，第二层次是以实现分析和预测功能及计算机网络的使用和通信功能为目的的系统软件，第三层次是基于Internet项目管理软件的集成开发。国内目前应用的主要是第一层次上的软件，第二层次的功能在国外基本实现，在国内已成为开发的主要方向，由于各国的建设管理体制和建设项目管理模式的差异，很难将国外已经成熟的软件直接应用于国内。目前，随着计算机的普及，随着工程市场的开发和国际接轨，国内越来越多的单位开始开发和应用项目管理软件。具有代表性的就是建设项目管理信息系统。

建设项目管理信息系统（简称PMIS），是由计算机硬件、软件、数据、管理人员、管理制度等组成，并用于工程建设管理的系统。该系统能进行建设项目信息的收集、加工、传递、存储、维护和使用，能反映工程项目施工过程进度、质量和费用的控制状况，能利用过去的信息预测未来，能从全局出发辅助决策。建设项目管理信息系统辅助管理功能的内容包括：投资（或成本）控制功能、进度控制功能、质量控制功能、合同管理功能和行政事务处理功能。按照项目管理主体的不同，项目管理可分为业主的项目管理、监理工程师的项目管理、承包商的项目管理。

目前，国内在这三方面的项目管理信息系统开发和应用程度有所不同。业主方的项目管理信息系统开发的较多，在水利水电工程领域，有福建水口水电站工程的管理信息系统、黄河小浪底水利枢纽工程控制信息系统、长江三峡水利枢纽右岸一期工程管理信息系统及三峡工程管理系统（TGPMS）等，这些系统从水口水电站仅局限于应用P3项目管理软件的部分功能，发展到三峡工程管理系统（TGPMS）对三峡工程的计划、进度、成本、质量、资金、工程技术和文件、材料设备采购、工程施工及合同管理等高效统一、规

①姚孝东.水利水电工程施工质量控制的要点探究[J].水上安全，2023（10）：127-129.

范协调的管理和控制，说明我国水利水电工程领域业主方的管理信息系统已达到了项目管理软件开发第二层次的水平。承包商项目管理软件的应用主要集中在一种或少数几种功能方面（如进度控制、成本控制等）。在水利水电工程领域，中国葛洲坝集团公司在三峡工程中，应用项目管理软件进行计划网络管理，成功地实施了对工程的动态控制。目前国内已有单位着手研究开发监理工程师的项目管理信息系统（工程监理信息管理系统），并取得了一定的成果，但由于各方面条件的制约，距全面实现计算机辅助工程监理工作以及支持监理工程师的决策尚有一段较大的距离。经过调查，水利水电工程监理信息管理系统的开发和应用尚处于起步阶段。由此可见，有必要对这方面的问题进行研究。

（二）水利水电工程质量控制信息系统开发应用现状

监理工程师的主要工作内容是进行工程建设合同管理，按照合同控制质量、进度、投资，并协调有关各方的工作关系，最终最优地实现建设项目的质量目标、工期目标和投资目标。工程监理信息管理系统是监理工程师提高工作效率、进行科学决策的强有力的辅助工具，该系统由文件管理子系统、合同管理子系统、质量控制子系统、进度控制子系统和投资控制子系统等组成。

目前在我国水利水电工程领域里，具备上述5个子系统的工程监理信息管理系统正处于研制开发阶段，投入运用的很少，即使有，各个子系统的功能也不完善。根据调查，基本已开发并运用了单独的文件管理系统、合同管理系统、进度控制系统、投资控制系统等，但还缺少一些主要系统，如质量控制系统等。工程质量控制是水利水电工程建设监理的主要内容之一，它贯穿于整个施工过程，具有信息量大、综合性强、技术难度高等特点。在世界上许多发达国家，计算机辅助工程质量控制已非常普遍，并已达到较高水平。

二、质量控制的系统过程及程序

（一）质量控制的系统过程

施工阶段的质量控制，是一个经由对投入的资源和条件的质量控制进而对生产过程及各环节质量进行控制，直到对所完成的工程产品的质量检验与控制为止的全过程的系统控制过程。根据施工阶段工程实体质量形成过程的时间阶段，质量控制划分为以下三个阶段。

1. 事前控制

事前质量控制是指在施工前的准备阶段进行的质量控制，即在各工程对象正式施工开始前，对各项准备工作及影响质量的各因素和有关方面进行的质量控制。

2. 事中控制

事中质量控制是指在施工过程中对所有与施工过程有关的各方面进行的质量控制，也包括对施工过程中的中间产品（工序产品，分部、分项工程，工程产品）的质量控制。

3. 事后控制

事后质量控制是指对通过施工过程所形成的产品的质量控制。

在这三个阶段中，工作的重点是工程质量的事前控制和事中控制。

（二）质量控制的程序

工程质量控制与单纯的质量检验存在本质上的差别，它不仅仅是对最终产品的检查和验收，而是对工程施工实施全过程、全方位的监督和控制。

三、事前质量控制

在水利水电工程施工阶段，影响工程质量的主要因素有“人（Man）、材料（Matriel）、机械（Machine）、方法（Method）和环境（Environment）”等五大方面，简称为4M1E质量因素。监理工程师事前质量控制的主要任务包括两个方面：一方面，对施工承包商的准备工作质量的控制，即对施工人员、施工所用建筑材料和施工机械、施工方法和措施、施工所必备的环境条件等的审核；另一方面，监理工程师应做好事前质量保证工作，即为了有效地进行预控，监理工程师需要根据承包商提交的各种文件，依照本工程的合同文件及相关规范、规程，建立监理工程师质量预控计划。另外，还需做好施工图纸的审查和发放。

（一）承包商准备工作的质量控制

1. 承包商人员的质量控制

按照规定，承包商在投标时应按招标文件的要求及《水利水电土建工程施工合同条件》，其目的是保证承包商的主要人员符合投标的承诺。在双方签订的合同文件中列入投标文件中的主要人员。承包商按此配备人员，未经业主同意，主要人员不能随意更换。承包商在接到开工通知84天内向监理工程师提交承包商在工地的管理机构及人员安排报告。对承包商人员的事前控制，就是核查承包商提交的人员安排（尤其主要人员）是否与合同文件所列人员一致，进场人员（尤其主要人员）是否与人员安排报告相一致。然后监理工程师对照标书和施工合同，根据工程开工的需要，审核这些已进场的关键人员在数量和素质上是否符合要求，其他关键人员进场的日期是否满足开工要求。另外，监理工程师还要检查技术岗位和特殊工种工人（如从事钢管和钢结构焊接的焊工）的上岗资格证明。

2.材料的控制

按照规定，为完成合同内各项工作所需的材料包括原材料、半成品、成品，除合同另有规定外，原则上应由承包商负责采购。即承包商负责材料的采购、验收、运输和保管。承包商应按合同进度计划和《技术条款》的要求制订采购计划报送监理工程师审批。

（1）承包商按照审批后的采购计划进行采购并交货验收

其材料交货验收的内容如下。

查验证件：承包商应按供货合同的要求查验每批材料的发货单、计量单、装箱单、材料合格证书、化验单、图纸或其他有关证件，并应将这些证件的复印件提交监理工程师。

抽样检验：承包商应会同监理工程师根据不同材料的有关规定进行材料抽样检验，并将检验结果报送监理工程师。承包商应对每批材料是否合格作出鉴定，并将鉴定意见书提交监理工程师复查。

材料验收：经鉴定合格的材料方能验收入库，承包商应派专人负责核对材料品名、规格、数量、包装以及封记的完整性，并做好记录。

（2）监理工程师对材料的事前控制的步骤

审批承包商的采购计划：监理工程师根据掌握的材料质量、价格、供货能力等方面的信息，对承包商申报的供货厂家进行审批，尤其对于主要材料，在订货前，必须要求承包商申报，经监理工程师论证同意后，方可订货。当材料进场后，监理工程师应监督承包商对材料进行检查和验收，并对承包商报送的《进场材料质量检验报告单》进行审核。监理工程师除了核查报告单所附的查询证件复印件、鉴定意见书外，要对承包商的材料质量检验成果复核，对有些材料还要进行抽检复验。监理工程师在审核承包商的材料质量检验成果或在抽检复验时应注意下列内容的审核或正确选用。

材料质量标准：材料质量标准是用以衡量材料质量的尺度，也是作为验收检验材料质量的依据。不同的材料有不同的质量标准，掌握材料的质量标准，就便于可靠地控制材料和工程的质量，监理工程师要审核选用的质量标准是否合理。

材料质量检验项目：材料质量的检验项目分为“一般试验项目”“为通常进行的试验项目”“其他试验项目”“为根据需要进行的试验项目”。针对某种材料，监理工程师要审核检验项目是否能满足工程要求。

取样标准和方法：材料质量检验的取样必须有代表性，即所采取样品的质量应能代表该批材料的质量。在采取试样时，必须按规定的部位、数量及采选的操作要求进行。监理工程师要审核承包商对某种材料的取样标准和方法时应按规定进行。

3.工程设备的控制

（1）业主负责采购的工程设备

按照《水利水电土建工程施工合同条件》的规定，业主提供的工程设备应由承包商与业主在合同规定的交货地点共同进行交货验收，即将业主采购的工程设备由生产厂家直接移交给承包商，交货地点可以在生产厂家、工地或其他合适的地方。工程设备的检验测试由承包商负责，监理工程师必须对承包商报送的检验结果复核签认。

（2）承包商负责采购并安装的工程设备

按照《水利水电工程施工合同技术条款》的规定，承包商负责采购和安装的工程设备，应根据施工进度的安排及本合同《工程量清单》所列的项目内容和本技术条款规定的技术要求，提出工程设备的订货清单，报送监理工程师审批。承包商应按监理工程师批准的工程设备订货清单办理订货，并应将订货协议副本提交监理工程师。

无论是由业主负责采购承包商负责安装的工程设备，还是由承包商负责采购并安装的工程设备，承包商均需会同业主或监理工程师进行检验测试，检验结果必须报送监理工程师复核签认。针对工程设备的事前控制，监理工程师必须从计量、计数检查，质量保证文件审查，品种、规格、型号的检查，质量确认检验等方面对承包商的检验结果进行控制。

4.施工机械设备的质量控制

在工程开工前，承包商应综合考虑施工现场条件、工程结构、机械设备性能、施工工艺、施工组织和管理等多种因素，拟订详细的机械化施工方案，填报《进场施工设备申报表》，列明设备名称、规格型号、生产能力、数量、进场日期、完好状况、拟用工程项目等内容。监理工程师除对承包商报送的《进场施工设备申报表》进行审核外，着重从施工机械设备的选型、施工机械设备的主要性能参数和施工机械设备的使用操作等三方面予以控制。

（1）机械设备的选型

施工机械设备型号的选择，应本着因工程制宜，考虑到施工的适用性、技术的先进性、操作的方便性、使用的安全性，保证施工质量的可靠性和经济上的合理性。如从适用性出发，正向铲只适用于挖掘停机面以上的土层，反向铲适用于挖掘停机面以下的土层，抓铲则适宜于水中挖土。

（2）主要性能参数的选择

选择施工机械设备的主要依据是其主要性能参数，要求它能满足施工需要和保证质量要求。如起重机械的性能参数，只有满足起重量、起重高度和起重半径的要求，才能保证正常施工。

（3）机械设备使用操作要求

合理使用机械设备，正确地进行操作，是保证施工质量的重要环节，实行定机、定人、定岗位责任的“三定”制度。操作人员必须认真执行各项规章制度，严格遵守操作规程，防止出现安全质量事故。

监理工程师通过上述三方面的审核，在申报表上列明哪些设备准予进场，哪些设备是不符合施工要求需承包商予以更换，哪些设备数量或能力不足，需由承包商补充。监理工程师除了审核承包商报送的申报表外，还应对到场的施工机械设备进行核查，在施工机械设备投入使用前，需再进行核查。如果承包商使用旧施工机械设备，在进场前，监理工程师要核查主要旧施工设备的使用和检验记录，并要求承包商配置足够的备品备件以保证旧施工设备的正常运行。

5.施工方法和措施的控制

在施工招标投标阶段，承包商根据标书中标明的施工任务、技术要求、施工工期及施工现场的自然条件，结合本单位的人员、机械设备、技术水平和经验，曾制订过施工组织设计与施工技术措施设计，对承包工程作出总部署。如果该承包商最终中标，这一施工组织设计与施工技术措施设计，也就成了施工承包合同文件的组成部分。但这个文件并不能用于指导承包商施工。《水利水电工程施工合同技术条款》规定，承包商应在收到开工通知后某一时期内，按该合同规定的内容提交主要工程建筑物的施工方法和措施。监理工程师认为有必要时，承包商应在规定的期限内，按监理工程师指示，提交单位工程的施工方法和措施，报送监理工程师审批。单位工程施工方法和措施的内容包括施工布置、施工工艺、施工程序、主要施工材料、设备和劳动力、质量检验和安全保证措施、施工进度计划等。

监理工程师对施工方法和措施的事先控制，就是对承包商报送的主要工程建筑物的施工方法和措施，以及单位工程施工方法和措施作出合理的批示。

因为施工方法和措施对工程质量和进度有极其重要的影响，所以监理工程师在审批时必须充分地考虑各方面的影响因素，对承包商报送的施工方法和措施给予恰当的结论。按照《水利水电工程施工技术条款》（以下简称《技术条款》）规定，监理工程师的审批意见包括：①同意按此执行；②按修改意见执行；③修改后重新递交；④不予批准。

考虑到施工方法和措施对工程质量的重要，监理工程师在审批时要考虑多方面因素，作者认为应针对水利水电工程的特点，依据合同文件建立一个施工方法和措施审批的评价体系，依据该体系按照一定的评价方法进行施工方案审查。

6.环境因素的质量控制

施工作业所处的环境条件，对于保证工程质量有重要影响，监理工程师在施工前，应对施工环境条件及相应的准备工作质量进行检查与控制。控制的环境因素有以下三个方面。

（1）技术环境因素的控制

技术环境因素主要指水、电或动力供应、施工照明、安全防护设备、施工场地空间条件和通道以及交通运输道路条件等。这些条件是否良好，直接影响到施工能否顺利进行，影响到施工质量。如，水、电供应中断，可能导致砼浇筑的中断而造成冷缝。所以，监理工程师应事先检查承包商对技术环境条件方面的有关准备工作是否已做好安排和准备妥当，当确认其准备可靠、有效后，方准许其进行施工。

（2）施工质量管理环境因素的控制

监理工程师对施工管理环境的事先检查与控制的内容主要包括：承包商的质量管理、质量保证体系和质量控制自检系统是否处于良好的状态；系统的组织结构、检测制度、人员配备等方面是否完善和明确；准备使用的质量检测、试验和计量等仪器、设备和仪表是否能满足要求，是否处于良好的可用状态，有无合格的证明和率定表；仪器、设备的管理是否符合有关的法规规定；外送委托检测、试验的机构资质等级是否符合要求等。

（3）自然环境因素的控制

监理工程师应检查承包商，对于未来的施工期间，自然环境条件可能出现对施工作业质量的不利影响时，是否事先已有充分的认识并已做好充分的准备和采取了有效措施与对策，以保证工程质量。如严寒季节的防冻；施工场地的防洪与排水等等。

（二）监理工程师的事前质量控制

1.监理工程师事前质量控制计划

对承包商准备工作质量的控制即对质量影响因素的控制，不仅是针对某个合同项目在施工阶段所进行的事前控制，对该合同项目的每一分项工程（水利水电工程以单元工程作为质量评定的基础，分项工程即为质量评定中的单元工程）在施工前也应进行4M1E的事前控制。由上文所述内容可知，监理工程师对4M1E的事前控制主要从两个方面进行：一方面是对承包商报送的计划进行审批，另一方面是对承包商的进场报告进行审核。无论是审批计划，还是审核进场情况，监理工程师都必须依据质量目标来进行。所以，监理工程师在施工前必须建立质量控制计划。监理工程师依据该项目的合同文件、监理规划、承包商的有关计划、事前质量控制内容等制订质量控制计划，该计划应包括下述两个方面的内容。

（1）施工质量目标计划

施工质量目标尽管在初步设计和施工图设计中已做了规划，但比较分散，难以满足施工质量控制的需要。因此，监理工程师需要根据工程具体情况使其系统化、具体化，并作详细描述。质量目标具体化，根据质量影响因素，可分为以下几项进行。

承包商人员质量目标：根据本工程的特点、承包商报送的施工组织设计等，监理工程师应分析为满足质量、进度要求，承包商应配备的主要管理人员及技术人员，做到在审批计划时心中有数。

建筑材料质量目标：按照分项工程列出所使用的材料，并根据《技术条款》及其所引用的有关规范、规定等，提出具体的质量要求。

工程设备质量目标：根据《技术条款》及其所引用的有关规范、规定等，提出具体的质量要求。

土建施工质量目标：根据《技术条款》、施工验收规范和质量检验评定标准的规定，对每个分项（单元）工程提出施工质量要求。

设备安装质量目标：根据《技术条款》、施工验收规范和质量检验评定标准的规定，对每种设备的安装提出质量要求。

施工机械设备质量目标：根据本工程特点、承包商报送的施工组织设计等，监理工程师经过分析，得出对承包商施工机械的数量、型号、主要性能参数等要求，以保证施工质量。

环境因素的质量目标：根据本工程特点、承包商报送的施工组织设计，依据合同文件建立质量要求。

施工质量目标是建立质量目标数据库的基础，质量目标数据库是水利水电工程质量控制信息系统的重要组成部分。

（2）施工质量控制体系组织形式的规划

根据施工项目的构成、施工发包方式、施工项目的规模，以及工程承包合同中的有关规定，建立监理工程师质量控制体系的组织形式。监理工程师质量控制的组织形式有以下3种。

纵向组织形式：一个合同项目应设置专职的质量控制工程师，大多数情况下，质量控制工程师由工程师代表兼任。然后再按分项合同或子项目设置质量控制工程师，并分别配备适当的专业工程师。根据需要，在各工作面上配有质量监理员。

横向组织形式：一个合同项目设置专职的质量控制工程师。下面再按专业配备质量控制工程师，全面负责各子项目的质量控制工作。

混合组织形式：这种组织形式是纵向组织形式与横向组织形式的组合体。每一子项目配置相应的质量控制工程师，整个合同项目配备各专业工程师。各专业工程师负责所有子项目相应的质量控制任务。

根据该工程的特点，选择适宜的质量控制体系的组织形式，将质量控制任务具体化，使质量控制有效地进行。

2.施工图纸的审查和发放

施工图纸是建设项目施工的合法依据，也是监理工程师进行质量检查的依据。施工图纸的来源分两种情况：第一种情况是业主在招标时提供一套“招标设计图”，它是由设计单位在招标设计的基础上提供的。在签订施工承包合同后，再由设计单位提供一套施工详图；业主在签订施工承包合同后，由施工承包商根据招标设计图、设计说明书和合同技术条款，自行设计施工详图。第二种情况在国内较少采用，最多让施工承包商负责局部的或简单的次要建筑物的设计。不管是由设计单位设计还是由施工承包商设计，监理工程师都要对施工图进行审查和发放。

（1）施工图的审查

施工图的审查一般有两种方式：一是由负责该项目的监理工程师进行审查，这种方式适用于一般性的或者普通的图纸；二是针对工程的关键部位，隐蔽工程或者是工程的难点、重点或有争议的图纸，采用会审的方式，即由业主、监理工程师、设计单位、施工承包商会审。图纸会审由监理工程师主持，由设计单位介绍设计意图、设计特点、对施工的要求和关键技术问题，以及对质量、工艺、工序等方面的要求。设计者应对会审时其他方面的代表提出的问题用书面形式予以解释，对施工图中已发现的问题和错误，及时修改，提供施工图纸的修改图。

（2）施工图的发放

由于水利水电工程技术复杂、设计工作量大，施工图往往是由设计单位分期提供的。监理工程师在收到施工图后，经过审查，确认图纸正确无误后，由监理工程师签字，作为“工程师图纸”下达给施工承包商，施工图即正式生效，施工承包商就可按“工程师图纸”进行施工。

四、事中质量控制

工程实体质量是在施工过程中形成的，施工过程中质量的形成受各种因素的影响，因此，施工过程的质量控制是施工阶段工程质量控制的重点。而施工过程是由一系列相互关联、相互制约的施工工序所组成，它们的质量是施工项目质量的基础，因此，施工过程的质量控制必须落实到每项具体的施工工序的质量控制。

（一）工序质量控制内容

工序质量控制主要包括两个方面，对工序活动条件的质量控制和对工序活动效果的质量控制。

1. 工序活动条件的质量控制

工序活动条件的质量控制，即对投入到每道工序的4M1E进行控制。尽管在事前控制中进行了初步控制，但在工序活动中有的条件可能会发生变化，其基本性能可能达不到检验指标，这就使生产过程的质量出现不稳定的情况。所以必须对4M1E在整个工序活动中加以控制。

2. 工序活动效果的质量控制

工序活动效果的质量控制主要反映在对工序产品质量性能的特征指标的控制。即对工序活动的产品采取一定的检测手段进行检验，根据检验结果分析、判断该工序活动的质量（效果）。

工序活动条件的质量控制和工序活动效果的质量控制两者是互为关联的，工序质量控制就是通过对工序活动条件和工序活动效果的控制，达到对整个施工过程的质量控制。

（二）监理工程师的工序质量控制

1. 工序质量控制计划

在整个项目施工前，监理工程师应对施工质量控制提出计划，但这种计划一般较粗，在每一分部分项工程施工前还应根据工序质量控制流程制订详细的施工工序质量控制计划。施工工序质量控制计划包括质量控制点的确定和工序质量控制计划。

（1）工序质量控制流程

当一个分部分项的开工申请单经监理工程师审核同意后，承包商可按图纸、合同、规范、施工方案等的要求开始施工。

（2）质量控制点的确定

质量控制点是为了保证施工质量必须控制的重点工序、关键部位或薄弱环节。设置质量控制点，是对质量进行预控的有效措施。施工承包商在施工前应根据工程的特点和施工中各环节或部位的重要性、复杂性、精确性，全面、合理地选择质量控制点。监理工程师应对承包商设置质量控制点的情况和拟采取的控制措施进行审核。审核后，承包商应进行质量控制点控制措施设计，并交监理工程师审核，批准后方可实施。监理工程师应根据批准的承包商的质量控制点控制措施，建立监理工程师质量控制点控制计划。

（3）工序质量控制计划

根据已确定的质量控制点和工序质量控制内容，监理工程师应制订工序质量控制计划。质量控制计划包括工序（特别是质量控制点）活动条件质量控制计划和工序活动效果质量控制计划。

工序活动条件质量控制计划：以工序（特别是质量控制点）为对象，对工序的质量影响因素4M1E所进行的控制工作进行详细计划。

控制该工序的施工人员根据该工序的特点，施工人员应当具备什么条件，监理工程师需要查验哪些证件等应先做出计划。控制工序的材料在施工过程中，要投入哪些材料，应检查这些材料的哪些特性指标等作出计划。

控制施工操作或工艺过程：在工序施工过程中，根据《水利水电工程施工合同技术条款》的要求及确定的质量控制点，需对哪些工序进行旁站，在旁站时，监督和控制施工及检验人员按什么样的规程或工艺标准进行施工等应作出计划。

控制施工机械：在工序施工过程中，施工机械如何处于良好状态，需检测哪些参数等做出计划。总之，充分考虑各种影响因素，对控制内容作出详细的计划，做到控制工作心中有数。

工序活动效果质量控制计划：工序活动效果通过工序产品质量性能的指标来体现。针对该工序，需测定哪些质量特征值、按照什么样的方法和标准取样等应作出计划。

2. 工序活动条件的控制

对影响工序产品质量的各因素的控制不仅在开工前的事前控制中，而且应贯穿整个施工过程。监理工程师对于工序活动条件的控制，要注意各因素或条件的变化，按照控制计划进行。

3. 工序活动效果的控制

按照工序活动效果质量控制计划，取得反映工序活动效果质量特征的质量数据，利用质量分析工具得出质量特征值数据的分布规律，根据该分布规律来判定工序活动是否处于稳定状态。当工序处于非稳定状态时，就必须命令承包商停止进入下道工序，分析引起工序异常的原因，并采取措施进行纠正，从而实现对工序的控制。

五、事后质量控制

事后质量控制是指完成施工过程而形成产品的质量控制，其工作内容包括：审核竣工资料；审核承包商提供的质量检验报告及有关技术性文件；整理有关工程项目质量的技术文件，并编目、建档；评价工程项目质量状况及水平；组织联动试车等。

工程质量评定和工程验收是进行事后质量控制的主要内容。工程质量评定，即依据某一质量评定的标准和方法，对照施工质量具体情况，确定其质量等级的过程。对水利水电工程，要求按照水利部《水利水电工程施工质量检验与评定规程》进行质量评定。

工程验收是在工程质量评定的基础上，依据一个既定的验收标准，采取一定的手段来检验工程产品的特性是否满足验收标准的过程。质量评定和质量验收的应用软件，国内开发已比较成熟，作为一个完整的质量控制信息系统，在系统开发时，可将质量评定和质量验收作为独立的子系统，并直接借用国内已成熟的软件内容。

第三节 水利水电工程质量问题与质量事故的分析处理

一、施工项目质量问题分析与处理

（一）施工项目质量问题分析

1.施工项目质量问题的特点

施工项目质量问题具有复杂性、严重性、可变性和多发性的特点。

（1）复杂性

施工项目质量问题的复杂性，主要表现在引发质量问题的因素复杂。例如建筑物的倒塌，可能是未认真进行地质勘察，地基的极限承载力与持力层不符；或是不均匀地基处理未达到要求，而产生过大的不均匀沉降；或是盲目套用图纸，结构方案不正确，计算简图与实际受力不符；或是荷载取值过小，内力分析有误，结构的刚度、强度、稳定性差；或是施工偷工减料、不按图施工、施工质量低劣；或是建筑材料及制品不合格，擅自代用材料；或是施工组织方案不合理等原因所致。由此可见，即使同一性质的质量问题，原因有时也会截然不同，所以在处理质量问题时，必须深入地进行调查研究，针对其质量问题的特征作具体分析。

（2）严重性

施工项目质量问题，轻则影响施工进度，增加工程费用；重则给工程留下隐患，影响安全使用或不能使用；更为严重者引起建筑物倒塌，造成人民生命财产的巨大损失。

（3）可变性

许多工程质量问题，还将随着时间不断发展变化。例如，钢筋混凝土结构出现的裂缝将随着环境湿度、温度的变化而变化，或随着荷载的大小和持续时间而变化；建筑物的倾斜，将随着附加弯矩的增加和地基的沉降而变化；混合结构墙体的裂缝也会随着温度应力和地基的沉降量而变化；甚至有的细微裂缝，也可以发展成构件断裂或结构物倒塌等重大事故。所以，在分析、处理工程质量问题时，一定要特别重视质量问题的可变性，应及时采取可靠的措施，以免问题进一步恶化。

（4）多发性

施工项目中有些质量问题，就像“常见病”，而成为质量通病。因此，吸取多发性质量问题的教训，及时认真总结经验，是避免质量问题重演的有效措施。

2. 施工项目质量问题的分类

工程质量问题一般分为工程质量缺陷、工程质量通病、工程质量事故。

（1）工程质量缺陷

工程质量缺陷是指工程达不到技术标准允许的技术指标的现象。

（2）工程质量通病

工程质量通病是指各类影响工程结构、使用功能和外形观感的常见质量损伤。

（3）工程质量事故

工程质量事故是指在工程建设过程中或交付使用后，对工程结构安全、使用功能和外形观感影响较大、损失较大的质量损伤。如桥梁结构倒塌，大体积混凝土强度不足等。其特点如下：①经济损失达到较大的金额。②有时造成人员伤亡。③后果严重，影响结构安全。④无法降级使用，难以修复时必须推倒重建。

3. 施工项目质量问题原因分析

施工项目质量问题表现的形式多种多样，诸如建筑结构的错位、变形、倾斜、倒塌、破坏、开裂、渗水、漏水、刚度差、强度不足、断面尺寸不准等，但究其原因，可归纳如下。

（1）违背建设程序

如未经可行性论证，未做调查分析就拍板定案；未搞清工程地质、水文地质而仓促开工；无证设计，无图施工；随意修改设计，不按图纸施工；工程竣工不进行试车运转、不经验收就交付使用等盲干现象，致使不少工程项目留有严重隐患，建筑物倒塌事故也常有发生。

（2）工程地质勘察原因

未认真进行地质勘察，提供的地质资料、数据有误；地质勘察时，钻孔间距太大，不能全面反映地基的实际情况，如当基岩地面起伏变化较大时，软土层厚薄相差亦甚大；地质勘察钻孔深度不够，没有查清地下软土层、滑坡、基穴、孔洞等地层构造；地质勘察报告不详细、不准确等，均会导致采用错误的基础方案，造成地基不均匀沉降、失稳，使上部结构及墙体开裂、破坏、倒塌。

（3）未加固处理好地基

对软弱土、冲填土、杂填土、湿陷性黄土、膨胀土、熔岩、土洞等不均匀地基未进行加固处理或处理不当，均是导致重大质量问题的原因。必须根据不同地基的工程特性，按照地基处理应与上部结构相结合，使其共同工作的原则，从地基处理、设计措施、结构措施、防水措施、施工措施等方面综合考虑治理。

（4）设计计算问题

设计考虑不周，结构构造不合理，计算简图不正确，计算荷载取值过小，内力分析有误，沉降缝及伸缩缝设置不当，悬挑结构未进行抗倾覆验算等，都是诱发质量问题的隐患。

（5）材料及制品不合格

诸如钢筋物理力学性能不符合标准，水泥受潮、过期、结块、安定性不良，砂石级配不合理、有害物含量过多，混凝土配合比不准，外加剂性能、掺量不符合要求时，均会影响混凝土强度、和易性、密实性、抗渗性，导致混凝土结构强度不足、裂缝、渗漏、蜂窝、露筋等质量问题；预制构件断面尺寸不准，支承锚固长度不足，未可靠建立预应力值，钢筋漏放、错位，板面开裂等，必然会出现断裂、垮塌。

（6）施工和管理问题

许多工程质量问题，往往是由施工和管理所造成的。例如不熟悉图纸，盲目施工，图纸未经会审，仓促施工；未经监理、设计部门同意，擅自修改设计。

第一，不按图施工。把铰接做成刚接，把简支梁做成连续梁，抗裂结构用光面钢筋代替螺纹钢筋等，致使结构裂缝破坏；挡土墙不按图设滤水层、排水孔，致使土压力增大，造成挡土墙倾覆。

第二，不按验收规范施工。如现浇混凝土结构不按规定的位置和方法任意留设施工缝；不按规定的强度拆除模板；砌体不按组砌形式砌筑、留直搓不加拉结条，在小于1m宽的窗间墙上留设脚手眼等。

第三，不按有关操作规程施工。如用插入式振捣器捣实混凝土时，不按插点均布、快插慢拔、上下抽动、层层扣搭的操作方法，致使混凝土振捣不实，整体性差。如砖砌体包心砌筑，上下通缝，灰浆不均匀饱满，不横平竖直等都是导致砖墙、砖柱破坏、倒塌的主要原因。

第四，缺乏基本结构知识，施工蛮干。如将钢筋混凝土预制梁倒放安装；将悬臂梁的受拉钢筋放在受压区；结构构件吊点选择不合理，不了解结构使用受力和安装受力的状态；施工中在楼面超载堆放构件和材料等，均将给质量和安全造成严重的后果。

第五，施工管理紊乱，施工方案考虑不周，施工顺序错误。技术组织措施不当，技术交不清，违章作业。不重视质量检查和验收工作等，都是导致质量问题的祸根。

（7）自然条件影响

施工项目周期长、露天作业多，受自然条件影响大，温度、湿度、日照、雷电、供水、大风、暴雨等都能造成重大的质量事故，施工中应特别重视，采取有效措施加以预防。

（8）建筑结构使用问题

建筑物使用不当，亦易造成质量问题。如不经校核、验算，就在原有建筑物上任意加层；使用荷载超过原设计荷载；任意开槽、打洞、削弱承重结构的截面等。

（二）施工项目质量问题处理

1.施工项目质量问题处理的基本要求

处理应达到安全可靠、不留隐患、满足生产与使用要求、施工方便、经济合理的目的。

第一，重视消除事故的原因。这不仅是一种处理方向，也是防止事故重演的重要措施，如地基由于浸水沉降引起的质量问题，则应消除浸水的原因，制定防治浸水的措施。

第二，注意综合治理。既要防止原有事故的处理引发新的事故，又要注意治理方法的综合应用，如结构承载能力不足时，则可采取结构补强、卸荷，增设支撑、改变结构方案等方法的综合应用。

第三，正确确定处理范围。除了直接处理事故发生的部位外，还应检查事故相邻区域及整个结构可能带来的影响，以正确确定处理范围。例如，板的承载能力不足需加固时，往往从板、梁、柱到基础均要予以加固。

第四，正确选择处理时间和方法。发现质量问题后，一般均应及时分析处理，但并非所有质量问题的处理都是越早越好，如裂缝、沉降，变形尚未稳定就匆忙处理，往往不能达到预期的效果，而常会出现重复处理。处理方法的选择，应根据质量问题的特点，综合考虑安全可靠、技术可行、经济合理、施工方便等因素，经分析比较，择优选定。

第五，加强事故处理的检查验收工作。从施工准备到竣工，均应根据有关规范的规定和设计要求的质量标准进行检查验收。

第六，认真复查事故的实际情况。在事故处理中若发现事故情况与调查报告中所述的内容差异较大时，应停止施工，待查清问题的实质，采取相应的措施后再继续施工。

第七，确保事故处理期的安全。事故现场中不安全因素较多，应事先采取可靠的安全技术措施和防护措施，并严格检查、执行。

2.施工项目质量问题分析处理的程序

事故发生后，应及时组织调查处理。首先，要确定事故的范围、性质、影响和原因等，一定要力求全面、准确、客观。其次，调查结果，要整理撰写成事故调查报告，其内容如下：①工程概况，重点介绍事故有关部分的工程情况；②事故情况，事故发生的时间、性质、现状及发展变化的情况；③是否需要采取临时应急防护措施；④事故调查中的数据、资料；⑤事故原因的初步判断；⑥事故涉及人员与主要责任者的情况等。

事故的原因分析，要建立在事故情况调查的基础上，避免情况不明就主观分析判断事故的原因。尤其是有些事故，其原因错综复杂，往往涉及勘察、设计、施工、材质、使用管理等多方面，只有对调查提供的数据、资料进行详细分析后，才能去伪存真，找到造成事故的主要原因。

事故的处理，要建立在原因分析的基础上，对有些事故一时认识不清时，只要事故不致产生严重后果，可以继续观察一段时间，再做进一步调查分析，不要急于求成，以免造成同一事故多次处理的不良后果。事故处理的基本要求是：安全可靠，不留隐患，满足建筑功能和使用要求，技术可行，经济合理，施工方便。在事故处理中，还必须加强质量检查和验收。对每一个质量事故，无论是否需要处理都要经过分析，做出明确的结论。

3.施工项目质量问题处理应急措施

在拟定应急措施时，一般应注意以下事项。

第一，对危险性较大的质量事故，首先应予以封闭或设立警戒区，只有在确认不可能倒塌或进行可靠支护后，方准许进入现场处理，以免造成人员的伤亡。

第二，对需要进行部分拆除的事故，应充分考虑事故对相邻区域结构的影响，以免事故进一步扩大，应拟订可靠的安全措施和拆除方案，要严防对原有事故的处理引发新的事故，如偷梁换柱，稍有疏忽将会引起整幢房屋倒塌。

第三，凡涉及结构安全的，都应对处理阶段的结构强度、刚度和稳定性进行验算，提出可靠的防护措施，并在处理中严密监视结构的稳定性。

第四，在不卸荷条件下进行结构加固时，要注意加固方法和施工荷载对结构承载力的影响。

第五，要充分考虑对事故处理中所产生的附加内力对结构的作用，以及由此引起的不安全因素。

4.施工项目质量问题处理方案

质量问题处理方案，应当在正确地分析和判断质量问题原因的基础上进行。对于工程质量问题，通常可以根据质量问题的情况，做出以下4类不同性质的处理方案。

（1）修补处理

这是最常采用的一类处理方案。通常当工程的某些部分的质量虽未达到规定的规范、标准或设计要求，存在一定的缺陷，但经过修补后还可达到要求的标准，又不影响使用功能或外观要求，在此情况下，可以作出进行修补的决定。属于修补这类方案的具体方案有很多，诸如封闭保护、复位纠偏、结构补强、表面处理等。例如，某些混凝土结构表面出现蜂窝麻面，经调查、分析，该部位经修补处理后，不会影响其使用；某些结构混凝土发生表面裂缝，根据其受力情况，仅作表面封闭保护即可。

（2）返工处理

当工程质量未达到规定的标准或要求，有明显的严重质量问题，对结构的使用和安全有重大影响，而又无法通过修补的办法纠正所出现的缺陷情况时，可以做出返工处理的决定。例如，某防洪堤坝的填筑压实后，其压实土的干密度未达到规定的要求值，将影响土体的稳定和抗渗要求，可以进行返工处理，即挖除不合格土，重新填筑。又如某工程预应力按混凝土规定张力系数为1.3，但实际仅为0.8，属于严重的质量缺陷，也无法修补，即需作出返工处理的决定，但十分严重的质量事故要作出整体拆除的决定。

（3）限制使用

当工程质量问题遇到按修补方案处理无法保证达到规定的使用要求和安全，而又无法返工处理时，不得已时可以作出诸如结构卸荷或减荷以及限制使用的决定。

（4）不作处理

某些工程质量问题虽然不符合规定的要求或标准，但如其情况不严重，对工程或结构的使用及安全影响不大，经过分析、论证和慎重考虑后，也可作出不作专门处理的决定。

可以不作处理的情况一般有以下几种：①不影响结构安全和使用要求者。例如，有的建筑物出现放线定位偏差，若要纠正则会造成重大经济损失，若其偏差不大，不影响使用要求，在外观上也无明显影响，经分析论证后，可不作处理。又如，某些隐蔽部位的混凝土表面裂缝，经检查分析，属于表面养护不够的干缩微裂，不影响使用及外观，也可不作处理。②有些不严重的质量问题，经过后续工序可以弥补的，例如，混凝土的轻微蜂窝麻面，可通过后续的抹灰、喷涂或刷白等工序弥补，可以不对该缺陷进行专门处理。③出现的质量问题，经复核验算，仍能满足设计要求者。例如，某一结构断面做小了，但复核后仍能满足设计的承载能力，可考虑不再处理。这种做法实际上是挖掘设计潜力或降低设计的安全系数，因此需要慎重处理。

5.施工项目质量问题处理资料

一般质量问题的处理，必须具备以下资料：①与事故有关的施工图。②与施工有关的资料，如建筑材料试验报告、施工记录、试块强度试验报告等。③事故调查分析报告：事故情况，出现事故时间、地点；事故的描述；事故观测记录；事故发展变化规律；事故是否已经稳定；等等。事故性质：应区分属于结构性问题还是一般性缺陷；是表面性的还是实质性的；

是否需要及时处理；是否需要采取防护性措施。事故原因：应阐明所造成事故的重要原因，如结构裂缝，是因地基不均匀沉降，还是温度变形；是因施工振动，还是由于结构本身承载能力不足所造成。事故评估：阐明事故对建筑功能、使用要求、结构受力性能及施工安全有何影响，并应附有实测、验算数据和试验资料。事故涉及人员及主要责任者的情况，设计、施工、使用单位对事故的意见和要求等。

6.施工项目质量问题性质的确定

质量问题性质的确定，是最终确定问题处理办法的首要工作和根本依据。一般按下列方法来确定问题的性质。

（1）了解和检查

是指对有问题的工程进行现场情况、施工过程、施工设备和全部基础资料的了解和检查，主要包括调查、检查质量试验检测报告、施工日志、施工工艺流程、施工机械情况以及气候情况等。

（2）检测与试验

通过检查和了解可以发现一些表面的问题，得出初步结论，但往往需要进一步的检测与试验来加以验证。检测与试验，主要是检验该问题工程的有关技术指标，以便准确找出产生问题的原因。例如，若发现石灰土的强度不足，则在检验强度指标的同时，还应检验石灰剂量，石灰与土的物理化学性质，以便发现石灰土强度不足是因为材料不合格、配比不合格或养护不好，还是因为其他如气候之类的原因造成的。检测和试验的结果将作为确定问题性质的主要依据。

（3）专门调研

有些质量问题，仅仅通过以上两种方法仍不能确定。如某工程出现异常现象，但在发现问题时，有些指标却无法被证明是否满足规范要求，只能采用参考的检测方法。像水泥混凝土，规范要求的是28天的强度，而对于已经浇筑的混凝土无法再检测，只能通过规范以外的方法进行检测，其检测结果作为参考依据之一。为了得到这样的参考依据并对其进行分析，往往有必要组织有关方面的专家或专题调查组，提出检测方案，对所得到的一系列参考依据和指标进行综合分析研究，找出产生问题的原因，确定问题的性质。这种专题研究，对质量问题的妥善解决作用重大，因此经常被采用。

7.施工项目质量问题处理决策的辅助方法

对质量问题处理的决策，是复杂而重要的工作，它直接关系到工程的质量、费用与工期。所以，要作出对质量问题处理的决定，特别是对需要返工或不作处理的决定，应当慎重对待。在对于某些复杂的质量问题作出处理决定前，可采取以下方法作进一步论证。

（1）实验验证

即对某些有严重质量问题的项目，可采取合同规定的常规试验以外的试验方法进一步进行验证，以便确定问题的严重程度。例如混凝土构件的试件强度低于要求的标准不太大（例如10%以内）时，可进行加载试验，以证明其是否满足使用要求；又如公路工程的沥青面层厚度误差超过了规范允许的范围，可采用弯沉试验、检查路面的整体强度等，根据对试验验证检查的分析、论证后再研究处理决策。

（2）定期观测

有些工程，在发现其质量问题时，其状态可能尚未达到稳定，仍会继续发展，在这种情况下，一般不宜过早作出决定，可以对其进行一段时间的观测，然后再根据情况作出决定。属于这类的质量问题，如桥墩或其他工程的基础，在施工期间发生沉降超过预计的或规定的标准；混凝土或高填土发生裂缝，并处于发展状态等。有些有缺陷的工程，短期内其影响可能不十分明显，需要较长时间的观测才能得出结论。

（3）专家论证

对于某些工程问题，可能涉及的技术领域比较广泛，则可采取专家论证。采用这种办法时，应事先做好充分准备，尽早为专家提供尽可能详尽的情况和资料，以便使专家能够进行较充分的、全面和细致的分析、研究，提出切实的意见与建议。实践证明，采取这种方法，对重大的质量问题作出恰当处理的决定十分有益。

8.施工项目质量问题处理的鉴定验收

质量问题处理是否达到预期的目的，是否留有隐患，需要通过检查验收来作出结论。事故处理质量检查验收，必须严格按施工验收规范中有关规定进行，必要时还要通过实测、实量、荷载试验、取样试压、仪表检测等方法来获取可靠的数据。

这样，才可能对事故做出明确的处理结论。

事故处理结论的内容有以下几种：①事故已排除，可以继续施工；②隐患已经消除，结构安全可靠；③经修补处理后，完全满足使用要求；④基本满足使用要求，但附有限制条件，如限制使用荷载，限制使用条件等；⑤对耐久性影响的结论；⑥对建筑外观影响的结论；⑦对事故责任的结论等。

此外，对一时难以做出结论的事故，还应进一步提出观测检查的要求。事故处理后，还必须提交完整的事故处理报告，其内容包括：事故调查的原始资料、测试数据；事故的原因分析、论证；事故处理的依据；事故处理方案、方法及技术措施；检查验收记录；事故无须处理的论证；事故处理结论；等等。

二、工程质量事故及其分类

（一）工程质量事故

1. 工程质量事故的内涵

根据《水利工程质量事故处理暂行规定》，工程质量事故是指在水利工程建设过程中，由于建设管理、监理、勘测、设计、咨询、施工、材料、设备等，造成工程质量不符合规程规范和合同规定的质量标准，影响使用寿命和对工程安全运行造成隐患和危害的事件。

如发生质量事故，往往会造成停工、返工，甚至影响正常使用，有的质量事故会不断发展恶化，导致建筑物倒塌，并造成重大人身伤亡事故。这些都会给国家和人民造成不应有的损失。[①]

需要指出的是，不少事故开始时经常被认为是一般的质量缺陷，容易被忽视。随着时间的推移，等认识到这些质量缺陷问题的严重性时，则往往处理困难，或无法补救，或导致建筑物失事。因此，除了明显的不会有严重后果的缺陷外，对其他的质量问题，均应认真分析，进行必要的处理，并作出明确的结论。

2. 工程质量事故特点

由于工程项目建设不同于一般的工业生产活动，其实施的一次性、生产

①简妮.水利水电工程的施工质量与安全管理研究[J].城市建设理论研究（电子版），2023（34）：190-192.

组织特有的流动性与综合性、劳动的密集性及协作关系的复杂性，均造成工程质量事故具有复杂性、严重性、可变性及多发性的特点。

（二）质量事故的分类

工程质量事故按直接经济损失的大小，检查、处理事故对工期的影响时间长短和对工程正常使用的影响，分为一般质量事故、较大质量事故、重大质量事故、特大质量事故。

一般质量事故指对工程造成一定经济损失，经处理后不影响正常使用并不影响使用寿命的事故。

较大质量事故是指对工程造成较大经济损失或延误较短工期，经处理后不影响正常使用但对工程寿命有较大影响的事故。

重大质量事故是指对工程造成重大经济损失或较长时间延误工期。

特大质量事故是指对工程造成重大经济损失或较长时间延误工期，经处理后仍对正常使用和工程寿命造成较大影响的事故。

三、工程质量事故原因分析

（一）质量事故原因

1.质量事故原因要素

质量事故的发生往往是由多种因素构成的，其中最基本的因素有人、材料、机械、工艺和环境。人的最基本问题是知识、技能、经验和行为特点等；材料和机械的因素更为复杂和繁多，例如建筑材料、施工机械等存在千差万别；事故的发生也总和工艺及环境紧密相关，如自然环境、施工工艺、施工条件、各级管理机构状况等。由于工程建设往往涉及设计、施工、监理和使用管理等许多单位或部门，因此分析质量事故时，必须对这些基本因素以及它们之间的关系，进行具体的分析探讨，找出引起事故的一个或几个具体原因。

2.引起事故的原因

引发质量事故的原因，主要有人的行为不规范和材料、机械的不符合规定状态。

（1）施工人员的问题

施工技术人员数量不足、素质不高，技术业务素质不高或使用不当。

施工操作人员培训不够，对持证上岗的岗位控制不严，违章操作。

（2）建筑材料及制品不合格

不合格工程材料、半成品、构配件或建筑制品的使用，必然会导致质量事故或留下质量隐患。

水泥：①安定性不合格；②强度不足；③水泥受潮或混用。

钢材：①强度不合格；②化学成分不合格；③可焊性不合格。

砂石料：①岩性不良；②粒径、级配与含泥量不合格；③有害杂质含量多。

外加剂：①外加剂本身不合格；②混凝土和砂浆中掺用外加剂不当。

（3）施工方法的问题

施工方法的问题主要有以下几方面。

不按图施工：无图施工；图纸不经审查就施工；不熟悉图纸，仓促施工；不了解设计意图，盲目施工；未经设计或监理同意，擅自修改设计。

施工方案和技术措施不当，这方面主要表现如下：施工方案考虑不周；技术措施不当；缺少可行的季节性施工措施；不认真贯彻执行施工组织设计。

（4）环境因素影响

环境因素影响主要有以下几方面。

施工项目周期长、露天作业多，受自然条件影响大，地质、台风、暴雨等都能造成重大的质量事故，施工中应特别重视，采取有效措施予以预防。

施工技术管理制度不完善：没有建立完善的各级技术责任制；主要技术工作无明确的管理制度；技术交底不认真，又不作书面记录或交底不清。

（二）成因分析方法

由于影响工程质量的因素众多，一个工程质量问题的实际发生，既可能因设计计算和施工图纸中存在错误，也可能因施工中出现不合格或质量问题，也可能因使用不当，或者由于设计、施工甚至使用、管理、社会体制等多种原因的复合作用。要分析究竟是哪种原因所引起，必须对质量问题的特征表现，以及其在施工中和使用中所处的实际情况和条件进行具体分析。分析方法很多，但其基本步骤和要领可概括如下。

1.基本步骤

第一步，进行细致的现场调查研究，观察记录全部实况，充分了解与掌握引发质量问题的现象和特征。

第二步，收集调查与质量问题有关的全部设计和施工资料，分析摸清工程在施工或使用过程中所处的环境及面临的各种条件和情况。

第三步，找出可能产生质量问题的所有因素。

第四步，分析、比较和判断，找出最可能造成质量问题的原因；进行必要的计算分析或模拟试验予以论证确认。

2.分析要领

分析要领的方法是逻辑推理法，其基本原理如下。

（1）确定质量问题的初始点，即所谓原点，它是一系列独立原因集合起来形成的爆发点。因其反映出质量问题的直接原因，而在分析过程中具有关键性作用。

（2）围绕原点对现场各种现象和特征进行分析，区别导致同类质量问题的不同原因，逐步揭示质量问题萌生、发展和最终形成的过程。

（3）综合考虑原因复杂性，确定诱发质量问题的起源点即真正原因。工程质量问题原因分析是对一堆模糊不清的事物和现象客观属性的反映，它的准确性和监理人的能力、学识、经验以及态度有极大关系，其结果不仅是简单的信息描述，而且还是逻辑推理的产物，其推理可用于工程质量的事前控制。

四、工程质量事故分析处理程序与方法

（一）质量事故分析的重要性

质量事故分析的重要性表现在以下几方面。

1.防止事故的恶化

例如在施工中发现现浇的混凝土梁强度不足，就应引起重视，如尚未拆模，则应考虑何时拆模，拆模时应采取何种补救措施。又如在坝基开挖中，若发现钻孔已进入坝基保护层，此时就应注意到，若按照这种情况装药爆破会对坝基质量产生影响，同时及早采取适当的补救措施。

2.创造正常的施工条件

如发现金属结构预埋件偏位较大，影响了后续工程的施工，必须及时分

析与处理后，方可继续施工，以保证工程质量。

3.排除隐患

如在坝基开挖中，由于保护层开挖方法不当，使设计开挖面岩层破碎，给坝的稳定性留下隐患。发现这些问题后，应进行详细的分析，查明原因，并采取适当的措施，以及时排除这些隐患。

4.总结经验教训，预防事故再次发生

如大体积混凝土施工，出现深层裂缝是较普遍的质量事故，因此应及时总结经验教训，杜绝这类事故的再次发生。

5.减少损失

对质量事故进行及时的分析，可以防止事故的恶化，及时建立正常的施工秩序，并排除隐患以减少损失。此外，正确分析事故，找准事故的原因，可为合理地处理事故提供依据，以达到尽量减少事故损失的目的。

（二）工程质量事故分析处理程序

1.下达停工指示

事故发生后，施工单位要严格保护现场，采取有效措施抢救人员和财产，防止事故扩大。因抢救人员、疏导交通等原因需移动现场物件时，应当做出标志、绘制现场简图并做出书面记录，妥善保管现场重要痕迹、物证，并进行拍照或录像。

发生（发现）较大、重大和特大质量事故，事故单位要在48小时内向有关单位写出书面报告；突发性事故，事故单位要在4小时内电话向有关单位报告。

质量事故的报告制度：①发生质量事故后，项目法人必须将事故的简要情况向项目主管部门报告；项目主管部门接到事故报告后，按照管理权限向上级水行政主管部门报告；②一般质量事故向项目主管部门报告；③较大质量事故逐级向省级水行政主管部门或流域机构报告；④重大质量事故逐级向省级水行政主管部门或流域机构报告并抄报水利部；⑤特大质量事故逐级向水利部和有关部门报告。

事故报告应当包括以下内容：①工程名称、建设规模、建设地点、工期、项目法人、主管部门及负责人电话；②事故发生的时间、地点、工程部位以及相应的参建单位名称；③事故发生的简要经过、伤亡人数和直接经济损失的初步估计；④事故发生原因初步分析；⑤事故发生后采取的措施及事故控制情况；⑥事故报告单位、负责人及联系方式。

有关单位接到事故报告后，必须采取有效措施，防止事故扩大，并立即按照管理权限向上级部门报告或组织事故调查。

2. 事故调查

发生质量事故，要按照规定的管理权限组织调查组进行调查，查明事故原因，提出处理意见，提交事故调查报告。

一般事故由项目法人组织设计、施工、监理等单位进行调查，调查结果报项目主管部门核备。

较大质量事故由项目主管部门组织调查组进行调查，调查结果报上级主管部门批准并报省级水行政主管部门核备。

重大质量事故由省级以上水行政主管部门组织调查组进行调查，调查结果报水利部核备。特大质量事故由水利部组织调查。

事故调查组的主要任务如下：①查明事故发生的原因、过程、财产损失情况和对后续工程的影响；②组织专家进行技术鉴定；③查明事故的责任单位和主要责任者应负的责任；④提出工程处理和采取措施的建议；⑤提出对责任单位和责任者的处理建议；⑥提交事故调查报告。

事故调查组提交的调查报告经主持单位同意后，调查工作即告结束。

3. 事故处理

发生质量事故，必须针对事故原因提出工程处理方案，经有关单位审定后实施。

一般质量事故，由项目法人负责组织有关单位制定处理方案并实施，报上级主管部门备案。

较大质量事故，由项目法人负责组织有关单位拟定处理方案，经上级主管部门审定后实施，报省级水行政主管部门或流域机构备案。

重大质量事故，由项目法人负责组织有关单位提出处理方案，征得事故调查组意见后，报省级水行政主管部门或流域机构审定后实施。

特大质量事故，由项目法人负责组织有关单位提出处理方案，征得事故调查组意见后，报省级水行政主管部门或流域机构审定后实施，并报水利部备案。

事故处理需要进行设计变更的，需原设计单位或有资质的单位提出设计变更方案。需要进行重大设计变更的，必须经原设计审批部门审定后实施。

4.检查验收

事故部位处理完成后，必须按照管理权限经过质量评定与验收后，方可投入使用或进入下一阶段施工。

5.下达《复工通知》

事故处理经过评定和验收后，总监理工程师下达《复工通知》。

（三）工程质量事故处理的依据和原则

1.工程质量事故处理的依据

进行工程质量事故处理的主要依据有4个方面：①质量事故的实况资料；②具有法律效力的、得到有关当事各方认可的工程承包合同、设计委托合同、材料或设备购销合同以及监理合同或分包合同等的合同文件；③有关的技术文件、档案；④相关的建设法规。

在这四种依据中，前三种是与特定的工程项目密切相关的具有特定性质的依据；第四种是法规性依据，是具有很高权威性、约束性、通用性和普遍性的依据，因而它在质量事故的处理事务中，也具有极其重要的作用。

2.工程质量事故处理的原则

因质量事故造成人身伤亡的，还应遵从国家和水利部伤亡事故处理的有关规定。

发生质量事故，必须坚持“事故原因不查清楚不放过、主要事故责任者和职工未受到教育不放过、补救和防范措施不落实不放过”的原则，认真调查事故原因，研究处理措施，查明事故责任，做好事故处理工作。

由质量事故而造成的损失费用，坚持谁该承担事故责任，由谁负责的原则。质量事故的责任者大致为：①施工承包人；②设计单位；③监理单位和发包人。施工质量事故若是施工承包人的责任，则事故分析和处理中发生的费用完全由施工承包人自己负责。施工质量事故责任者若非施工承包人，则质量事故分析和处理中发生的费用不能由施工承包人承担，而施工承包人可向发包人提出索赔。若是设计单位或监理单位的责任，应按照设计合同或监理委托合同的有关条款，对责任者按情况给予必要的处理。

事故调查费用暂由项目法人垫付，待查清责任后，由责任方偿还。

参考文献

[1] 薄琳琳.水利工程合同管理的全过程管理分析[J].建材与装饰，2020（16）：142+144.

[2] 程令章，唐成方，杨林.水利水电工程规划及质量控制研究[M].北京：文化发展出版社，2022.

[3] 崔洲忠.水利水电工程管理与实务[M].长春：吉林科学技术出版社，2020.

[4] 邓艳华.水利水电工程建设与管理[M].沈阳：辽宁科学技术出版社，2022.

[5] 高永春.水利水电工程施工管理中锚杆的锚固和安装[J].四川建材，2018，44（03）：205-206.

[6] 高占祥.水利水电工程施工项目管理[M].南昌：江西科学技术出版社，2018.

[7] 郭迪华.水利水电工程施工投标报价的研究[J].质量与市场，2022（09）：160-162.

[8] 何萌.水利水电工程合同管理中索赔变更存在的风险[J].水利技术监督，2022（08）：101-103.

[9] 贺杨.水利工程项目沟通管理与优化[J].水利技术监督，2017，25（03）55-57.

[10] 胡飞明.水利水电工程设计项目管理方法及应用[J].湖南水利水电，2019（02）：78-80.

[11] 胡军清.浅析水利水电工程设计及管理对投资控制的价值[J].建材与装饰，2018（36）：160.

[12] 简妮.水利水电工程的施工质量与安全管理研究[J].城市建设理论研究（电子版），2023（34）：190-192.

[13] 李昌锋，李婷婷，王思民.水利水电工程建设管理中存在的问题及

应对措施研究[J].工程与建设，2022，36（05）：1555-1557.

[14] 李俊峰.水利水电工程设计与管理研究[M].北京：中国纺织出版社，2022.

[15] 李云龙.水利工程施工组织与管理研讨[J].智能城市，2020，6（06）：208-209.

[16] 李政威.H水利水电工程公司建设项目风险评估研究[D].北京：华北电力大学，2024.

[17] 刘光彪.适应电网调峰需求的多电源优化运行方式研究[D].武汉：华中科技大学，2022.

[18] 马艳丽，李宁，张学林.施工规划设计在水利水电工程建设管理中的作用[J].现代农村科技，2020（12）：47.

[19] 欧智贤.水利水电工程项目施工的成本管理[J].大科技，2019（27）：105-106.

[20] 彭小丹.水利工程项目施工成本控制与管理的优化探究[J].城市建设理论研究（电子版），2023（20）：211-213.

[21] 尚振兰，王岩.水利工程项目组织管理体系创新研究[J].智能城市，2020，6（02）：186-187.

[22] 唐涛.水利水电工程[M].北京：中国建材工业出版社，2020.

[23] 王青.水利水电工程合同管理中变更索赔的风险控制[J].工程技术研究，2020，5（14）：200-201.

[24] 王蓉芳.浅谈水利水电工程施工分包管理[J].低碳世界，2019，9（07）：139-140.

[25] 闫文涛，张海东，等.水利水电工程施工与项目管理[M].长春：吉林科学技术出版社，2020.

[26] 杨发栋.EPC总承包模式及在水利水电工程项目管理体制中应用[J].河南水利与南水北调，2020，49（01）：75-76.

[27] 姚孝东.水利水电工程施工质量控制的要点探究[J].水上安全，2023（10）：127-129.

[28] 张宏卫.水利工程中的工程地质问题探析[J].建材发展导向，2023，21（12）：68-71.

[29] 张曙光 . 国际水利水电工程项目管理模式对比分析[J]. 工程技术研究，2019，4（22）：183-184.

[30] 甄亚欧，李红艳，史瑞金 . 水利水电工程建设与项目管理[M]. 哈尔滨：哈尔滨地图出版社，2020.

[31] 周乐平 . 水利水电工程 EPC 总承包模式下的总承包合同管理[J]. 清洗世界，2020，36（09）：86-87.

[32] 朱冰皓 . 简析水利工程项目施工成本控制与管理优化构架[J]. 大众标准化，2022（08）：83-85.

[33] 朱国成 . 浅析水利水电工程的项目管理及造价控制方法[J]. 珠江水运，2019（19）：107-108.